东方卫视大型家装改造节目

梦想改造家 IV

《梦想改造家》栏目组 编著

江苏凤凰科学技术出版社

序言

你以为这只是一个装修节目吗？

骆新

东方卫视 主持人

撰写这篇序言的时候，我正好在英国伦敦学习，而且已经居住了一个多月。

我喜欢伦敦，是因为这里有太多的老房子，而每一幢老房子里，都藏着各种引人入胜的故事。有趣的是，许多看似不起眼的建筑，只要外立面镶嵌了一个湖蓝色、圆形的金属牌，瞬间就能让你肃然起敬——那上面仅仅写着谁、在什么时间、曾经与这栋建筑的关系。譬如，我每天步行去上课的路上，就要与狄更斯、拜伦等擦肩而过。某一天我去女王陛下剧院（Her Majesty Theater）看戏，到早了点，于是便在剧院旁边的酒店门口稍事休息，此刻抬头一看，只见酒店墙上也有这样的圆牌，赫然用英文写着"胡志明（1890—1969），现代越南的缔造者，1913年在这家酒店当过服务生，此处就是他曾经站立迎宾的位置……"

今天，许多人喜欢"穿越"，我对此的理解是——人们渴望突破现实束缚的一种特殊表达。我们所谓的"看见祖先"，不过是另一种"认识自己"的过程罢了。我经常说"身体是灵魂的容器"，老房子实际上更像是一种社会精神的容器，国家兴衰、社会起伏和家庭悲欢，都由它默默地承载。皮之不存，毛将焉附？——没有了这些"容器"，风俗何存？文脉安在？

同济大学的阮仪三教授，是我的忘年交。这二十年来，阮先生倾尽全力、四处奔波，呼吁"刀下留城"，终于保住了平遥、丽江古城和包括周庄、同里、乌镇等在内的"江南六镇"，使其没有被毁在"大拆大建"的时代。

有一次，阮先生问我：为什么中国人总愿意讲"旧城改造"？

从语言学的角度上讲，这种提法充分暴露了国人的价值观："旧"是针对"新"而言的，在凡事崇尚"新"的人眼里，"旧"明显是被歧视的对象，而在某些城市主政者眼里，"改造"一词的关键之处，根本就不在"改"而全在"造"。换句话说，"旧城改造"就是彻底除旧换新，最好是把一切都拆了重来……众所周知，城市的魅力恰恰是基于历史赋予她的积淀的，让居住在其中的人们，能有机会念及童年、回溯过往，这不正是老房子和老城市的可爱之处吗？就算它们是物，也是有"人格"的物。

阮先生说，我们不应该再谈什么"旧城改造"，而要郑重其事地改讲"古城复兴"。仅从字面上理解，"古"与"今"至少是一种平起平坐的关系，而"复兴"一词本身就是把"尊重历史"视为一切行动的前提，也展示了我们对"容身之物"的基本态度。

东方卫视的《梦想改造家》，迄今为止已播出三年了。

虽然这个节目并不是针对城市的大规模改造，但是，面对每一个具体的住宅，也秉承了同样的使命——我们不仅希望通过这些改造来改善人们的生活，更希望能借助这个装修过程，保留人们对于家庭历史的记忆，同时，对每个人的生命、亲情、奋斗都能予以肯定。观众看到每期节目中的人物，会发现他们身上会有自己和家人的影子。

所以，《梦想改造家》看似主体是"房子"，实际上，故事核心永远是"人"。人才是目的，改造房子只是手段。

当然，装修时间都很漫长，这期间各种情况迭出，对于电视拍摄者来说，其难度自不待言；关键是每个房子的改造，我们都希望能符合"好创意"的最简单标准——"意料之外、情理之中"。

可能会超出观众普遍的生活经验，《梦想改造家》所邀请的设计师，基本上都是建筑师，且富有善心、甘当志愿者。动用这些海内外知名的建筑师来完成家装项目，这几乎就等于"杀鸡用牛刀"，但若不如此，很多天才创意就无从谈起了，毕竟绝大多数房屋的改装，都属于"螺蛳壳里做道场"。这就必须要求设计师使出浑身解数，就像被誉为"空间魔术师"的史南桥等设计师，不仅要打破惯常的空间理念，甚至还要在时间思维上做足文章，包括在材料、装置方面，都必须有超前之举。

其实，这三年中，《梦想改造家》的设计师团队最能打动我的，还不完全在于设计本身的精妙，而是他们具有一种超越了“工具理性”的可贵的“价值理性”。

譬如第一季的第一期节目，在上海的市中心，设计师曾建龙曾改造一处类似“筒子楼”中的几世同居的老式住宅，他发现楼内居民几十年来都是以占据楼道的方式各自烧饭，就提议：连带把公共空间全部改造。遗憾的是，由于节目组的改造经费有限，而这家的邻居们又大多持观望态度，不愿意集资改造公共走廊，于是，曾建龙一不做、二不休，自掏腰包，把这条走廊上原来四分五裂的各家做饭区域，全部装进了十数个“隔间式小厨房”。另外，在北京，针对一位高龄老人的老式平房的改造项目，设计师要为独居的老奶奶装抽水马桶时才发现，这条胡同的排污管网已经不具备这个功能，在装修预算已经用完的情况下，设计师也是自己承担所有费用，在胡同里铺设了一条长达百米的专用排污管，最终和胡同口的公共厕所相连，解决了老奶奶一辈子都没机会使用马桶的问题。当我们问他，连住户本人和他的儿子们都准备放弃这个“马桶方案”时，为什么还要坚持。设计师的回答很简洁：“我必须让老奶奶用上先进的如厕设施，因为这牵涉到人的尊严……”

很多人都问我：“你们节目的每次装修，要花很多钱吗？”我总是回答道：“当然要花钱，但我们的钱很有限。这个节目之所以好看，我认为是因为这里面有太多的、比钱更值钱的东西。”

当然，在这里，我也不想避讳节目之外的某些“尴尬”。但那属于普遍的“人性之陋习”——我相信，人性是很难经得起检验的。

《梦想改造家》每次装修所遇到的最大麻烦，就是邻里矛盾。我并不想把这些问题全归咎于是资源稀缺的贫困所造成的，但是，必须承认，因为我们处于一个社会高度分化的转型期，由于个人与群体的权利边界模糊，许多中国人普遍都存在着生存焦虑。一个家庭的改善，往往招致的是嫉妒、不满，甚至是莫名其妙的愤怒和破坏。

邻居的各种不合作，不仅经常导致项目停工，还会使一些装修好的房屋陷入产权和相邻关系的法律纠纷。位于四川牛背山的“青年旅舍”项目就是一个典型——虽然历尽千辛万苦，李道德设计师极为出色的改造项目还没有来得及给村民带来福祉，就被“谁拥有这个房子的控制权”矛盾搞成一团乱麻。

居民对于“公共空间”的不理解和不重视，也使得我们的设计师每次出于好意、想方便邻居而改造某个公共区域的美好计划泡汤。我希望，这些问题仅仅是这个节目在成长过程中必须经历的磨难。这很像中国的现实环境，人们还没有彻底摆脱较低水平的生活条件，还没有机会能够通过集体协商的社群治理，学会如何谈判和妥协。所以，如何建立起一套机制以有效地避免“公地悲剧”发生，让人们在多次博弈中取得利益和内心的平衡，不仅是《梦想改造家》要探讨的方向，也是整个中国社会都要逐渐学习和摸索的过程。

我曾在东方卫视的另一档真人秀节目中，说了这样一句话：“我们都希望人生能有一个完美的结局，如果现在你发现自己还不够完美，就说明这还不是结局。”

把这句话用在《梦想改造家》身上，也非常合适！

是为序。

梦想 · 家

施琰

东方卫视 主持人

“人类因为梦想而伟大！”每当看到这句话，内心都会被莫名触动。

梦想有大有小，不论是要去“拯救银河系”，还是仅仅想拥有一张属于自己的床，同样值得尊重和祝福。因为，它是支撑你在黑暗中跋涉的光。

在主持《梦想改造家》的日子里，流了很多眼泪，更收获了满满的温暖和爱。有一位网友在微博上说：“作为主持人，施琰能遇上《梦想改造家》真是一种幸运！” 这也正是我想表达的。

上学时，老师总教育我们，再悲伤的故事，也要留一个光明的尾巴。2012 年，导演吕克 · 贝松获得冬季达沃斯水晶奖，在发表获奖感言时，他说：“九岁的女儿问我'这个世界会崩溃吗'？我说不会！我对她撒了谎……”

作为一位杰出的国际导演，这样绝望的表达或许和他艺术家的悲情主义情愫有关，但放眼世界，让人真心欢喜的消息有多少？屈指可数！所以，一个必须面对的现实就是：要寻找一个光明的尾巴并没有那么容易。

于是，从一开始，《梦想改造家》似乎就是带着使命而来。

在高楼林立的都市，在人迹罕至的荒野，在任何一个你不曾留意的空间，都有顽强的生命存在。他们或许活得平凡，却始终捍卫着自己寻找希望和尊严的权利。

于是带着梦想，他们与我们相遇了！

总是很喜欢以蝴蝶效应来举例：一只南美洲亚马孙河流域热带雨林中的蝴蝶，偶尔扇动了几下翅膀，在两周后，美国德克萨斯州就掀起了一场飓风。这一效应是在告诉我们，事物发展的结果，对初始条件具有极为敏感的依赖性，初始条件的极小偏差，都会引起结果的极大差异。而蝴蝶效应如果转化为我们最熟悉的一句话，那就是：莫以善小而不为，莫以恶小而为之。

《梦想改造家》做的似乎就是蝴蝶振翅的工作。那些被感动到流泪的人们、那些在我们节目中发现美好的人们、那些由看节目而生出愿望去帮助他人的人们……你们就是动力系统中的一环，一直连锁反应下去，我们的世界总有一天会变成美好的人间。

吕克 · 贝松在获奖感言的最后说道：“有孩子的人都有愿望把这个世界变美好！”我虽然还没有孩子，但是有相同的愿望。

这是一个光明的尾巴，也是一个终将会实现的梦想！

施琰

目录

○ 房屋情况

- 地点：北京
- 房屋情况：35 平方米小屋，位于老北京四合院内，房龄不详
- 业主情况：一家五口，胖大婶夫妇、女儿女婿和小外孙女
- 业主请求：足够的卧室空间、独立卫生间、方便使用的厨房
- 主设计师：青山周平
- 设计团队：藤井洋子、杨睿琳、翟羽峰

胖大婶的幸福新家

迷你学区房惊人改造，7 平方米小屋厨卫卧俱全

改造总花费：27.8 万元		
硬装花费	材料费：6.9 万元	23 万元
	加固费：7 万元	
	人工费：9.1 万元	
软装花费	4.8 万元	

老屋状况说明

胖大婶家位于北京南锣鼓巷，是大杂院里一间 35 平方米的小屋。别看屋子不大，住的人可不少：胖大婶夫妇、女儿女婿和小外孙女。而且胖大婶家几个大人都是大块儿头，这么小的房子里，转个身都能碰倒点儿东西。其实胖大婶的闺女在北五环外，有一套一百多平方米的三居室。为什么她们一家三口，放着宽敞的楼房不住，来这大杂院住三十多平方米的小屋儿呢？原来南锣鼓巷这片都是学区房，从幼儿园到小学再到初中，全都是重点学校，为了孩子，只好一家五口挤在这间小房子里。

原始户型图

厨房

胖大婶做饭时，身体距离后面的洗衣机只有 25 厘米

1. 拥挤

由于空间狭小，加上胖大婶一家块儿头都大，所以屋内处处透着拥挤。

以前卫生间和厨房之间有一道玻璃门，但因为空间太小，被胖大婶做饭时不小心碰碎了，为此胖大婶后背还受了伤

担心再次碰碎玻璃，就没有再装玻璃门，导致卫生间和厨房混在同一个空间，非常尴尬

次卧

次卧堆满了生活杂物，导致次卧最窄处宽度只有 0.7 米。空间狭小，走动时一不小心，生活杂物就会砸下来。

餐厅

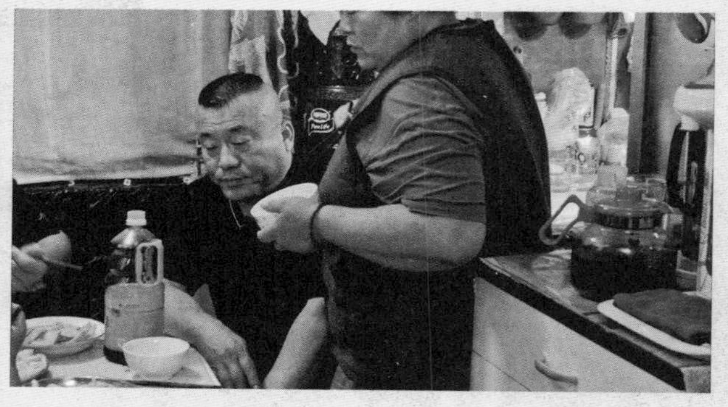

空间有限，餐厅处只能放一张不大的餐桌，一家人吃饭要分批吃

卫生间

由于空间小，胖大婶一家洗澡时，转身都困难，此外层高还是硬伤，一米九的姑爷差点就能碰到头顶了。

狭小的卫生间干湿不分，洗澡时经常弄得到处是水，给胖大婶增添了打扫的麻烦

2. 卧室空间小

晚上睡觉时：胖大叔一人睡在宽度不足 1.2 米的次卧，胖大婶和女儿家三口睡在主卧，但胖大婶只能打地铺。自从女儿一家三口回来住，胖大婶夫妇一直处于分居状态。而随着外孙女的成长，孩子也会需要独立的卧室。

3. 空间功能混杂

厨房与卫生间共处一室，做饭时，家人如厕只能去外面的公共卫生间。加上地漏不通畅，洗澡时，地面到处是水。

4. 储物空间太少

家里到处是杂物，一转身就能碰下来几件。本来就狭窄的次卧，被堆积的杂物挤得犹如一条通道。

设计师在次卧

为了更好地了解胖大婶家的居住情况，本案设计师青山周平特意在胖大婶家住了一天，在这里生活了 24 小时，体会到了许多细节上的不便。

① 抽油烟机坏了，一炒菜屋内到处是油烟。
② 担心风沙大，窗户大部分是封死的，不利于通风换气。
③ 洗手池下面没有排水管。
④ 墙面返潮严重，屋顶漏雨，影响家里电器的使用。
⑤ 缺少孩子玩耍活动的空间，一张床垫充当孩子的蹦床。
⑥ 动线不合理，晚上次卧的人去卫生间要经过主卧，会打扰主卧居住者休息。
⑦ 采光被院中一栋小屋阻挡。

老房体检报告

困扰业主的主要问题

卧室空间小	●●●●●	三代五口人，只有两个卧室且面积不大，狭窄的次卧只能容下胖大叔一人，胖大婶只能在主卧打地铺，胖大婶女儿一家三口睡大床。但随着外孙女的成长，亟需她个人的卧室空间。
空间功能混杂	●●●●●	卫生间和厨房共处一室。次卧满是杂物，充当了储藏间。
动线不合理	●●●●○	进出次卧必须经过主卧，晚上次卧居住者的进出，势必会影响主卧居住者休息。
空间拥挤	●●●●●	胖大婶家人多且都是大块儿头，屋子一共才 35 平方米，活动起来，四处都拥挤不堪。
墙面返潮	●●●●○	墙面没有防水，屋顶雨季漏雨，导致墙面返潮现象严重，家电受此影响，经常出现故障。
孩子缺少玩耍空间	●●●●○	屋子太小，满足居住、就餐、如厕等功能尚且困难，更别说给孩子提供玩耍空间了，活泼的孩子只能把胖大婶打地铺的床垫当作蹦床，自得其乐。

业主希望解决的问题

① 增加卧室空间。
② 增加储物空间。
③ 卫生间和厨房分开。
④ 把空间变大，不要太拥挤。
⑤ 改善排水设施。
⑥ 不要再漏雨、返潮。

沟通与协调

沟通后设计师的建议

1. 同时改造邻居家小屋

邻居王先生家小屋只有 3.7 平方米

大杂院中一共有 6 户人家，院子里的这个小屋属于邻居王先生家。小屋和胖大婶家的房子高度差不多，和胖大婶家的中间距离只有 70 厘米左右，而且小屋周围堆了好多东西，导致胖大婶家西面，基本上全天都没有采光。

2. 墙内做嵌入式衣柜，解决收纳问题

在清拆过程中，设计师意外地发现，胖大婶家的东墙是由原来四合院的外墙改建而来的，厚度达 84 厘米，比一般墙体厚得多，于是利用墙面厚度，做了嵌入式柜体。

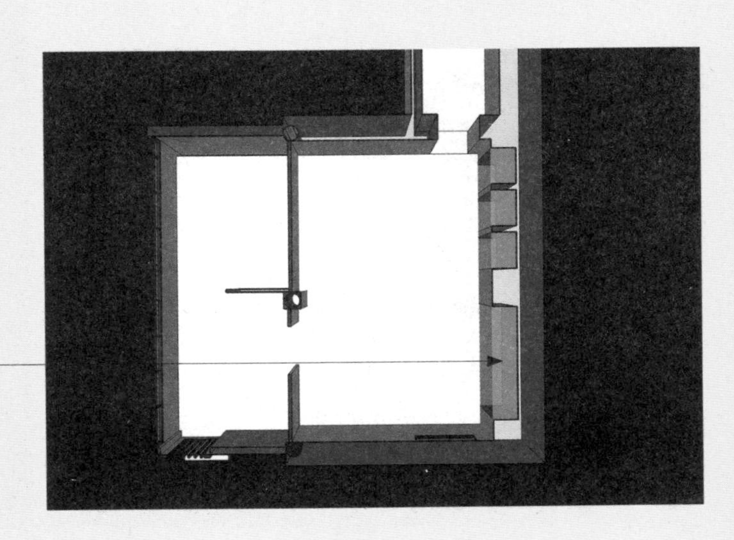

3. 做防水，解决墙面潮湿问题

由于历史遗留原因，大杂院里邻里之间的墙很多都是共用的。清拆完毕后，设计师发现胖大叔居住的次卧，有近 30 厘米的长度竟然是建造在邻居家屋檐下的。

设计师用石膏板做了带弧度的墙面进行封顶，出于对耐候性和防水性的双重需求，施工队在对墙体和石膏板的处理上都使用了多功能腻子

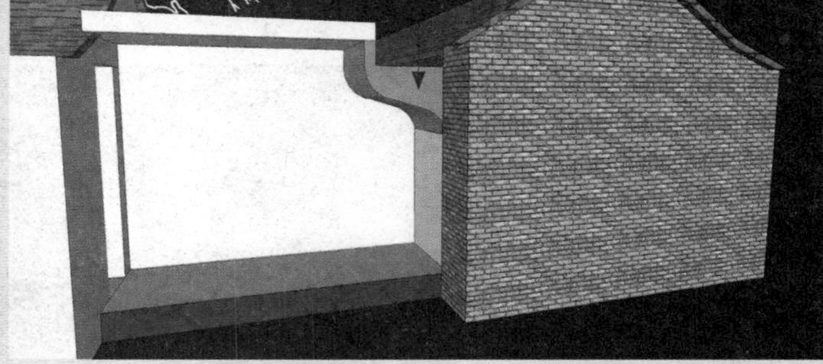

建在邻居家屋檐下的面积

4. 改造排水系统

胖大婶家原来虽然有抽水马桶，但是在下水道的排污处理上却并不规范，下水管道直接接到了院子中间的雨水口上。经过重新规划，胖大婶家的排污管被接到了胡同里的公共厕所，管道铺设的距离长度是原有管道的六倍。

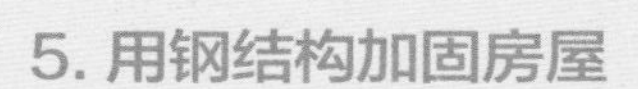

5. 用钢结构加固房屋

由于年久失修，房子的部分柱子和屋顶木梁已经腐烂，设计师用钢结构对房屋进行了加固。

原有结构

用钢材加固

6. 重新规划房屋内空间布局，打造舒适居住空间

隔断

铝合金隔断

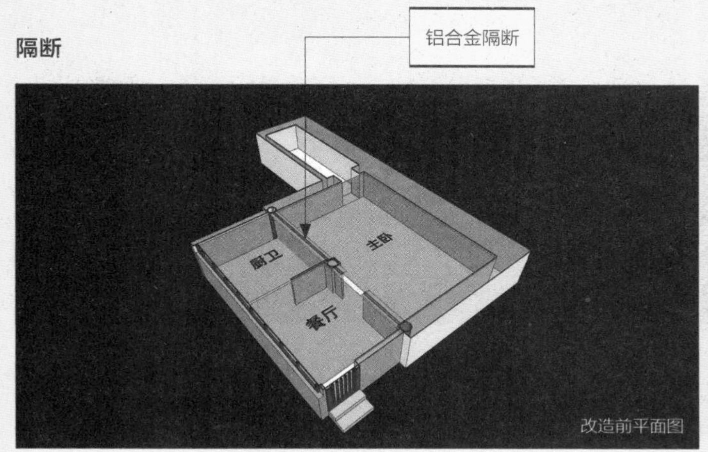

改造前平面图

铝合金隔断去除后，换成了一排柜子做隔断

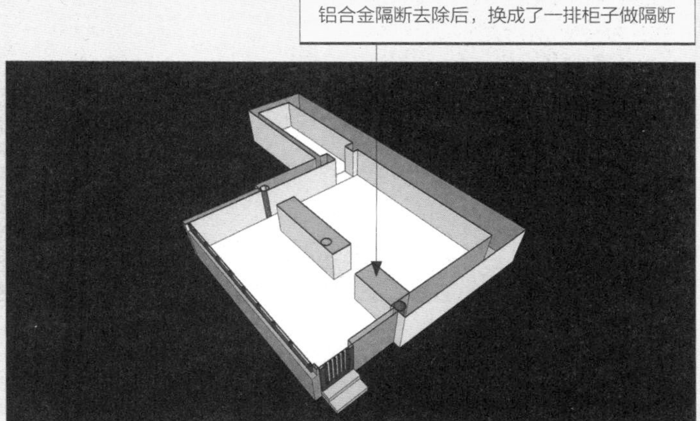

改造方案中一楼主要是厨房、客厅和胖大婶夫妇的卧室空间，胖大婶家以前餐厅、厨卫和主卧之间的铝合金隔断被拆除后，设计师用一整排净深达 0.55 米的储物柜作为屋内的隔断。

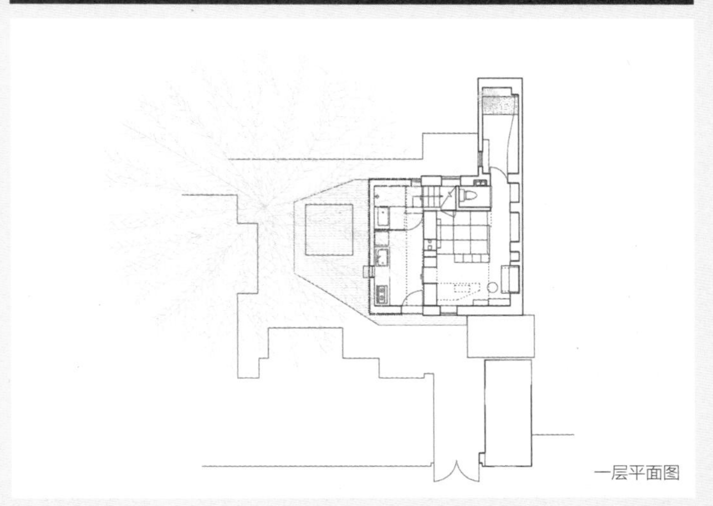
一层平面图

公共区域

改造后，厨房的位置被挪到了进门处，然后依次是更衣室和淋浴房的区域，在过道的尽头是通往二层楼梯口的位置。设计师还在楼梯的两侧都留了相对应的小窗户，确保底层的通风和采光。

楼梯位置

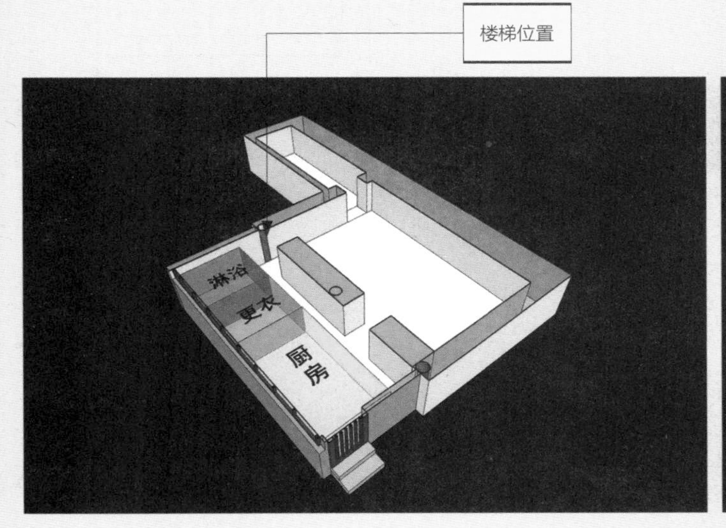

通往二楼的楼梯

原来胖大婶家的过道区域规划成客厅，并做了挑空处理。设计师在客厅的位置还做了一个不到 1 平方米的下沉空间，装置了送给外孙女的神秘礼物。

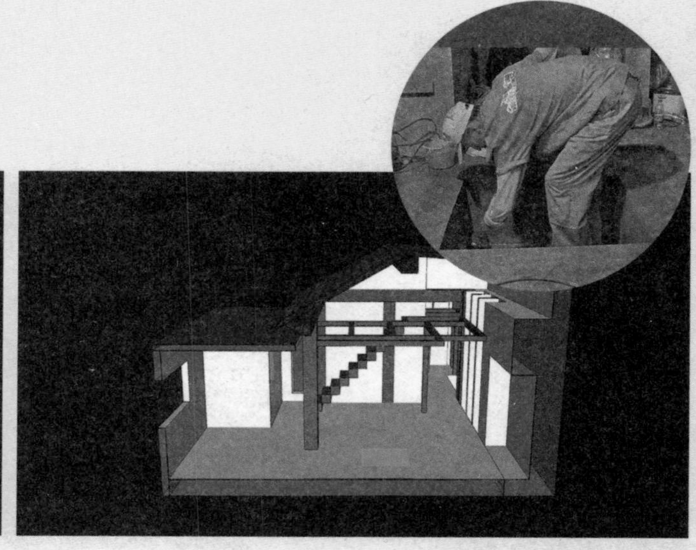

一层卧室

设计师把一层的卧室做成了榻榻米，除了满足睡觉、储物的需求外，设计师还特意在榻榻米内设计了升降装置，衍生出作为餐桌的第三种功能。

原来胖大叔居住的次卧做了上下层的处理，由于受到高度的限制，上层的空间为外孙女的卧室，下层则是外孙女玩耍的区域。

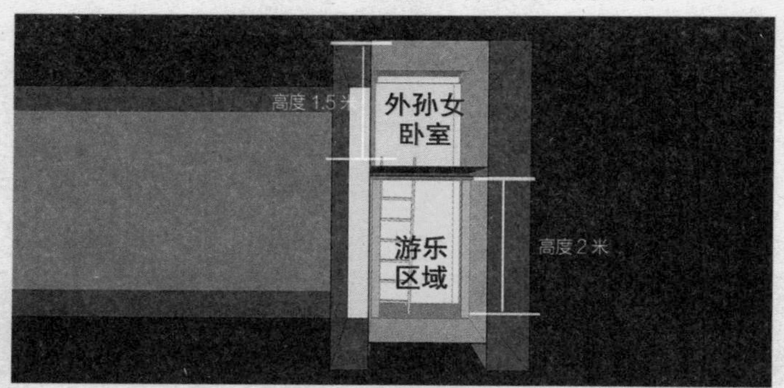

在下层的玩耍区域，设计师特意铺设了软木地板，防止孩子摔倒的时候受伤

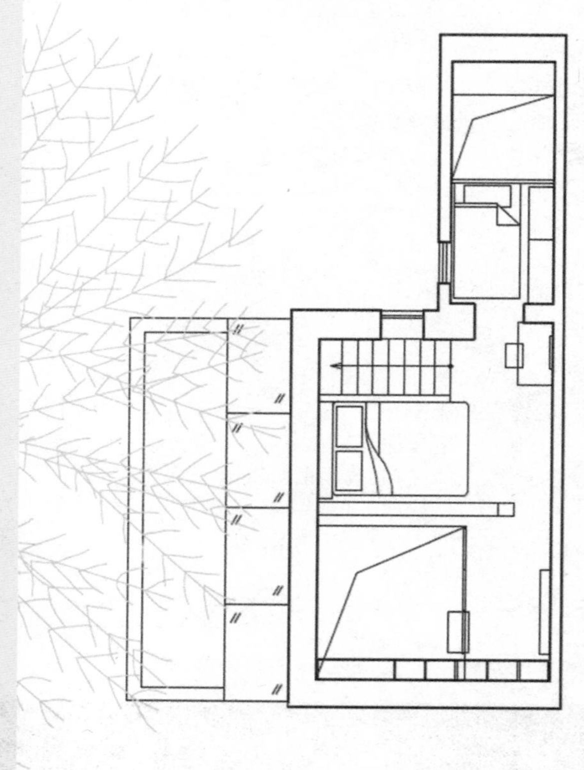

二层平面图

二层主要是胖大婶女儿一家的卧室，除了两个卧室外，还利用二层的平台，做了一个小的茶室。

7. 增设天窗，改善采光和通风

施工队打开房屋天花板的时候，发现原来的屋顶有一扇天窗。考虑到胖大婶家的实际情况，设计师认为，增设天窗是改善他们家采光和通风的最好方法。为此，设计师除了在原来天窗的位置做了一个新的天窗外，还在二层的区域规划了另外三扇天窗来引入自然光，让二层乃至整个一层空间的采光、通风得到彻底的改善。

为了方便清洗，设计师特意选了一个下拉式的天窗，天窗可翻转 160 度，人只需站在室内就可以轻松完成天窗的清洗工作。此外，天窗还具有下雨天自动闭合的功能。

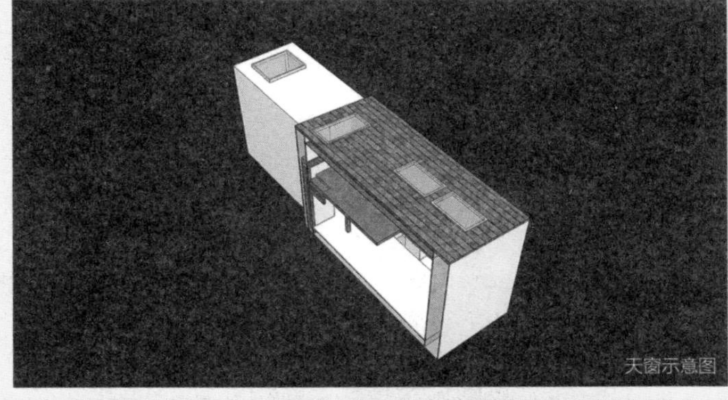

天窗示意图

采光示意图

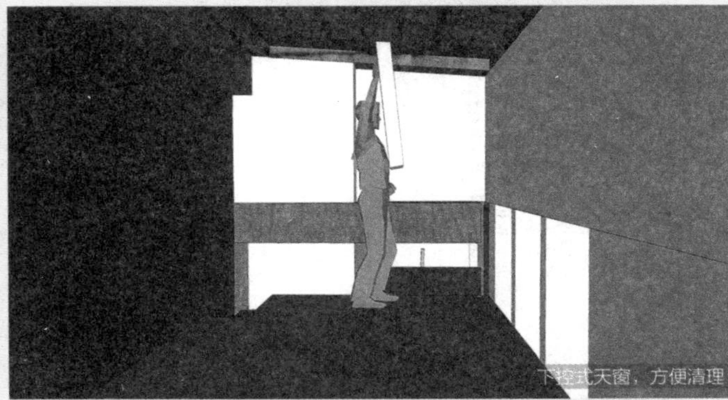

下拉式天窗，方便清理

支撑柱体旁边的两个凹槽，里面有感应设施，有雨点落到凹槽里面时，天窗会自动闭合

8. 改造公共过道，方便院内全部居民

设计师力排众议，把公共过道也纳入改造范围，提升了院子整体形象，方便了居民生活。

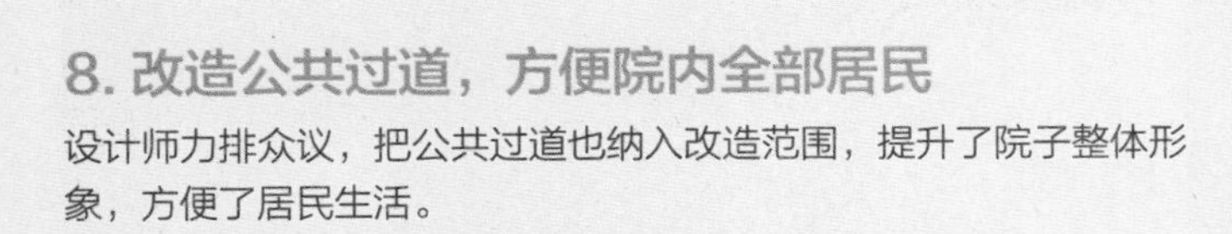

改造前过道

改造成果分享

1. 公共过道

对于公共过道，设计师采用了修旧如旧的做法，原有的木梁保留，让空间散发出古朴的气息，为院子里每户人家定制的公共信箱和公共信息栏，使得整个公共过道增添了不少人情味。

改造前后对比

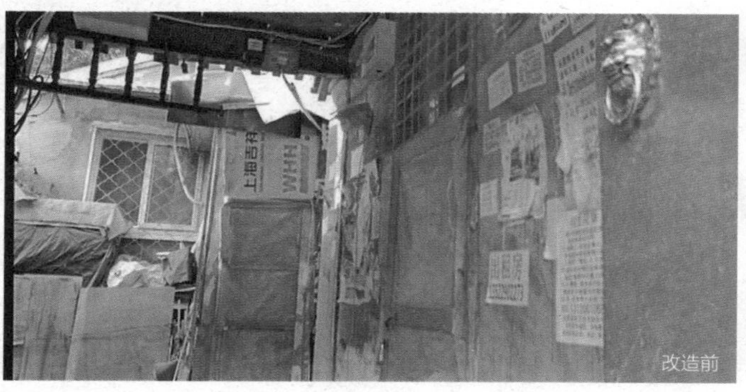

改造前

改造后

2. 厨房

对于胖大婶家的房子，设计师采用了木色、白色的主色调，让整个厨房空间显得宽敞明亮。整面柜子不但大大地满足了储物功能，还具有分隔厨房和卫生间的隔断功能。

打开搁板

放上饭菜

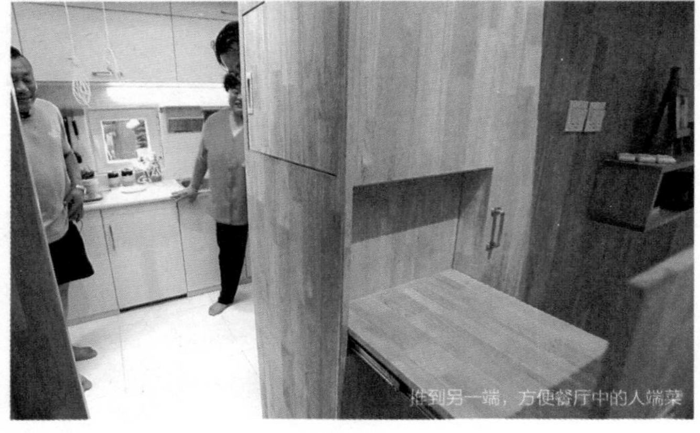
推到另一端，方便餐厅中的人端菜

厨房和餐厅间的柜子上设置了传菜的暗格，在厨房做完菜放入搁板，将搁板推到另一端，餐厅这边就可以接菜了，避免了每次端菜还要开推拉门的麻烦。

这排柜子除了储物和分隔空间外，还隐藏了很多令人惊喜的功能。

厨房柜子中安有隐藏式全身镜

玄关处设置了可折叠的换鞋凳

在通往其他房间的地方，设计师都用移门作为阻断厨房油烟的屏障，营造了一个相对独立的厨房空间。

移门关闭，阻止油烟飘入客厅

移门阻止油烟飘向二层

改造前后对比

改造前

改造后

3. 盥洗室

盥洗室内采用了百叶帘，在保证隐私的情况下也保证了屋内的采光，天窗的大面积运用，不仅引入了自然光，还拉近了人和大自然的距离。

4. 客厅

推开厨房和客厅间的移门，进入客厅空间。

一层的区域既是卧室也兼具了客厅的功能，防雾霾窗帘的使用，为胖大婶家体质敏感的小孙女提供了一个相对洁净舒适的环境。设计师在客厅公共区域做了近乎留白的处理，创造了一个可安心跑跳、游戏的开放式居家空间。

防雾霾窗帘

软榻既可以分开使用，也可以合起来节省空间。

考虑到客厅上层柜子比较高，设计师特意准备了变形梯子，平时是椅子，需要时秒变梯子，方便拿取高处物品。

5. 卧室

卧室区则做了榻榻米的处理，升降的桌面和超强的储物功能大大地增加了空间的复合利用率。床沿上方竹帘的使用保证了睡眠的质量。胖大婶夫妇终于结束了分居的日子。

改造前后对比

改造前

改造后

6. 餐厅

在客厅一角，隐藏着餐厅。墙边的柜子移过来，墙上的桌板放下来，一张餐桌就变出来了。特别定制的椅子，还有储物功能，全家人终于可以坐在一张桌子上吃饭了，不用分批吃，也不用站着吃了。如果逢年过节，家中来了客人，胖大婶的床还能变身餐桌。

7. 卫生间

楼梯下方的空间被借了出来，规划为厕所，地方虽然不大，但一应俱全。

改造前后对比

改造前

改造后

8. 儿童房

关于儿童房的设计，设计师并没有选择太过童趣和卡通化的主题设计，简约质感的房间风格，为孩子提供了一个可根据年龄需求随时调整的成长环境。

改造前后对比

改造前

改造后

9. 二层空间

关于二层空间的设计，根据人坐立的生活习惯，对不同的高度进行区域划分，较矮的地方被规划为睡觉空间，较高的地方则被改造成茶室兼书房。

外孙女房间

丝瓜络屏风既保证了采光、通风，也把空间点缀得精致典雅

卧室空间

二层外孙女卧室，既方便父母照顾，又相对独立

对于胖大婶夫妇有着特殊意义的大理石台面，被改造成了女儿的梳妆台，以一种崭新的方式被镶嵌在这个崭新的家中。

改造前后对比

10. 窗户

作为一名建筑师，青山周平认为，采光和通风是优质居住空间里不可或缺的两个元素，因此他在屋内的各个方位都安装了大量的窗户，窗户总计 13 扇。

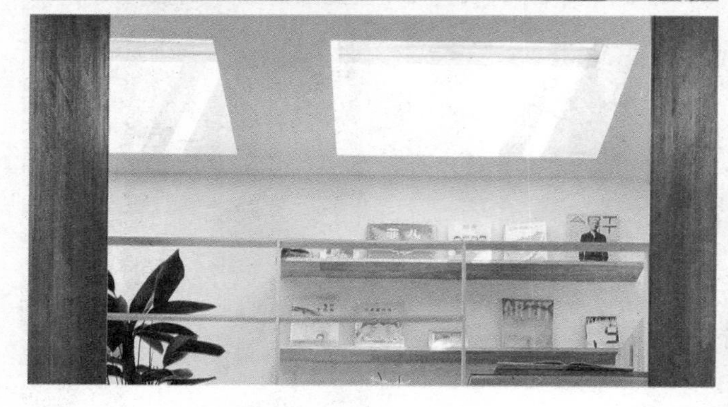

11. 收纳

鉴于胖大婶家东西太多，设计师充分发挥了自己在储物空间设计上的能力，利用 84 厘米的墙体厚度打造了三个双开门的大橱柜。此外，还对一些不规则的边角尽可能加以利用，全屋一共打造了 56 个大小不一的储物空间，对胖大婶一家在物品归放的分门别类上起到了引导作用。

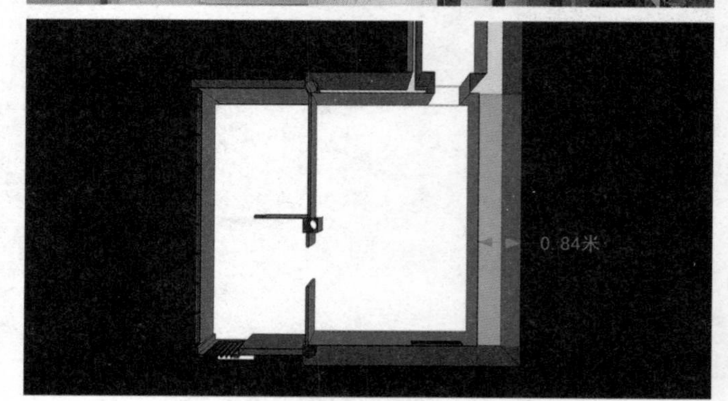

○ 暖心设计

胖大婶的小外孙女喜欢蹦床，隐藏在客厅地面下的蹦床就是设计师送给她的神秘礼物。设计师还细心地在蹦床四周做了防撞条，防止孩子在玩耍过程中受到意外伤害，等孩子长大以后，放蹦床的地方可以用来储物。

7 平方米小屋的神奇改造

○ 房屋情况

- 地点：北京
- 房屋情况：两个小屋一个 3.1 平方米，一个 3.5 平方米，和胖大婶家处于同一个四合院内，房龄不详
- 业主情况：王先生夫妻二人，计划生宝宝
- 业主请求：院内小屋要能做饭、聚会（8 人左右）；门房小屋要具有住宿、如厕、商铺等功能，还要为未来的孩子留出住宿空间
- 设计师：青山周平

改造总花费：10 万元		
硬装花费	加固费：1.1 万元	7.8 万元
	材料费：2.9 万元	
	人工费：3.8 万元	
软装花费		2.2 万元

胖大婶家所在的大杂院里面一共住了 6 户人家，邻居王先生听说这位帮胖大婶改造房屋的日本设计师特别擅长小户型改造，特别激动。原来他们夫妻俩今年正计划生宝宝，本来他们在其他地方也有住所，但考虑到孩子一上幼儿园，他们就要带孩子来这边住，因此也想把大杂院里两处加起来不足 7 平方米的小屋一起改造。

考虑到王先生家处于院中心的小屋是胖大婶家改造的一大障碍，设计师最终答应两家同时改造。

院子中间的小屋为改造的目标之一

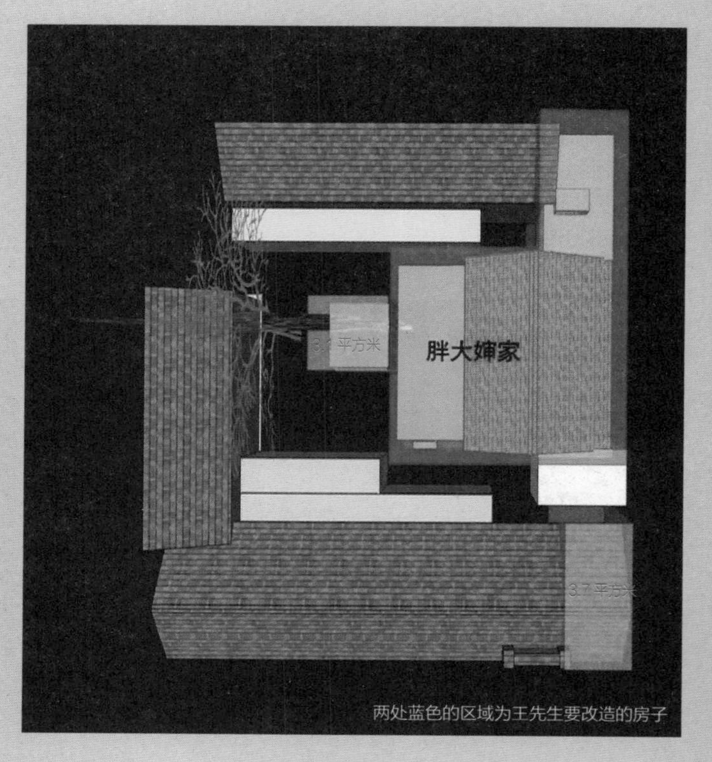

两处蓝色的区域为王先生要改造的房子

王先生的爷爷原来是这座院子的主人，几十年前因为各种原因他陆续把几处屋子分别转卖给他人，自家仅保留了入口处的门房和院中的小屋。

院中小屋面积只有 3.1 平方米，门房面积也只有 3.7 平方米。在这么小的空间内，业主还提出了近乎严苛的要求：院内小屋要能做饭、聚会（8 人左右）；门房小屋要具有住宿、如厕、商铺等功能，还要为未来的孩子留出住宿空间。设计师能做到吗？

院中小屋情况

太小

院中小屋只有 3.1 平方米大小、2 米高，无论横向、纵向都无法延伸。

这么小的空间内，即使不考虑橱柜、桌椅的占地面积，只站立 8 人，都显得拥挤，要能坐在这里吃饭、聚会，简直是不可能完成的任务

动线不合理

现在院中小屋开的是北门，要想进去，必须要绕院子一大圈，动线非常不合理。

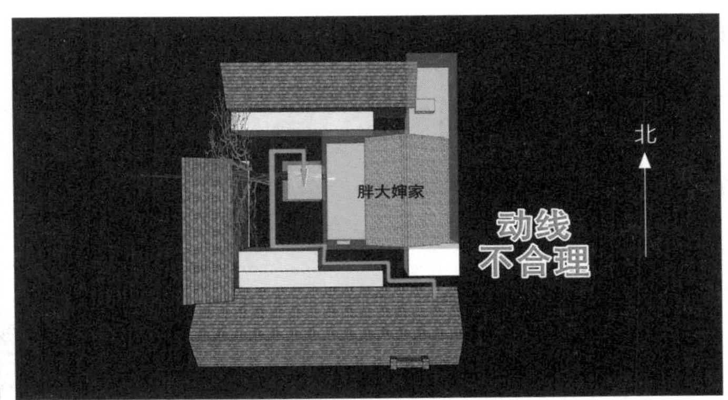

改造过程

在征得邻居同意后，施工人员将院中小屋的周边做了彻底的清拆，瞬间院中的空地比原来大了近一半。

设计师封闭了北面的房门，重新在南侧开了一个门，然后在小屋门外地面一侧铺设了一条长近 1 米的轨道，作用后文揭晓。

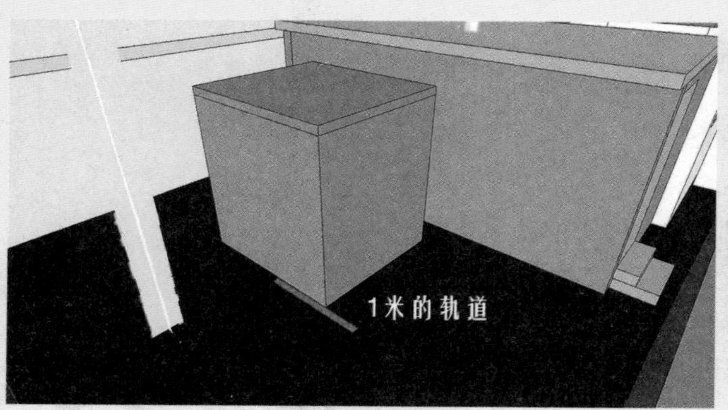

门房小屋情况

门房小屋只有 3.7 平方米，一面窗临街，外面即是南锣鼓巷的景阳胡同。

改造前门房外景

门房临街的窗户

改造前门房入口

改造前门房内情景

这个房间虽然在面积上比院中的小屋略大，但是业主要求的功能却足足多了一倍。业主既要求有卫生间、可以洗澡、可以做客厅、能睡觉、能做小商铺卖东西，还要有将来孩子睡觉的空间。

改造过程

设计师首先把屋子南侧原来的窗户开大，因为窗外就是景阳胡同，许多来南锣鼓巷的游客会从这里经过，窗户开大，窗台降低，高度正好适合外面的人买东西，满足做商铺的需求。

卫生间的区域被安排在了北侧，1.4 平方米的空间被划分为厕所和淋浴室两个空间。

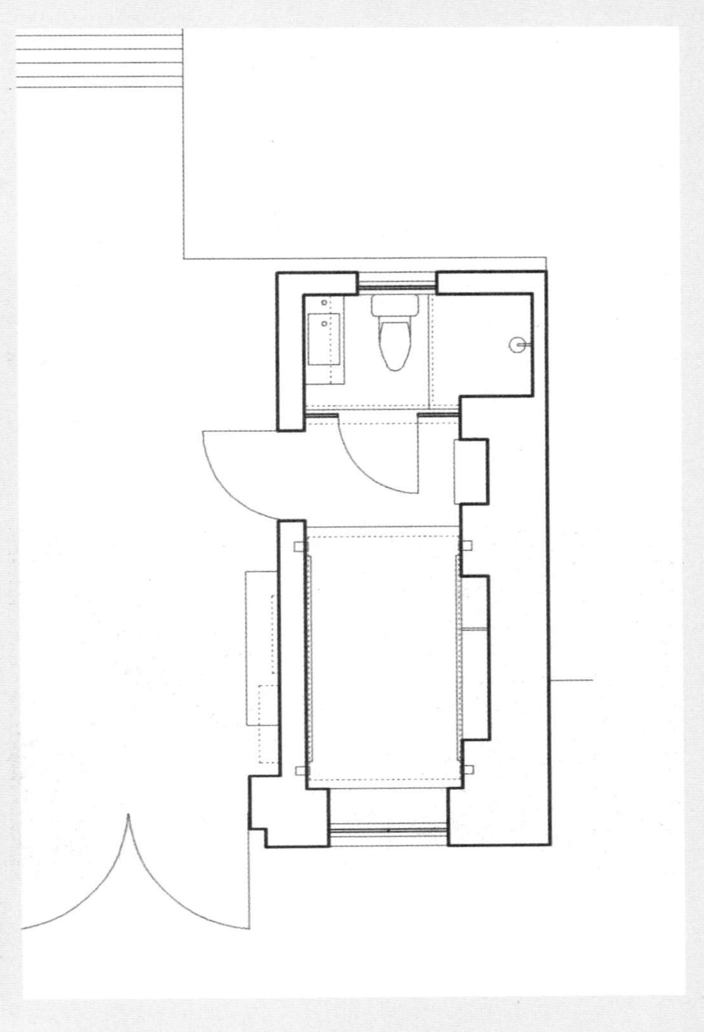

如何在剩下的 2.3 平方米的空间内实现卧室、客厅、书房、店铺四大功能呢。为此，设计师专门去考察了古代科举考试的地点——号房。

古代的科举考试一般都是三到五天，为了防止作弊，在整个考试期间，考生都必须在号房这个小空间里完成除了上厕所外的考试、吃饭、睡觉等所有需求。设计师希望借助中国古代的空间模式，来满足现代人的生活需求。

古代号房使用情景

通过考察，设计师借鉴了古代科举考试套舍的布局规划，通过将三块木板和墙体两侧预留的托槽巧妙结合，规划出不同的生活模式，完成了空间的复合利用。

床铺是有了，但是受到房子的宽度限制，最多只能睡下两个人，一旦王鹏夫妇有了孩子，一家三口显然无法居住，因此设计师在有限的高度空间里还是做了上下层的处理。

上层为可以调节高度的吊床

改造成果分享

1. 院中小屋

设计师引入了天光与自然元素的对话，让这个原本碍眼的小屋成为院子里的一道风景，透天玻璃、木杉格子加不锈钢的镜面设计，既在视觉上散发出现代简约的气息，同时也增添了几许光影流动的美感。

挂在墙上是菜谱板，取下来可以做拉长桌的桌面

灶台上方橱柜中，安装了一台迷你洗衣机

灶台下方橱柜中，安装了一台迷你型冰箱

两边墙上安有折叠椅，不用时放下，节省空间

灶台下中间的橱柜中暗藏有可拉伸的长桌，最长可达两米，满足多人聚餐需求。

菜谱板放在桌架上可做桌面

两人

四人

八人

凳子为胖大叔家废弃的木梁做成的

屋顶和屋侧的木栅栏是可以移动的，多人聚餐，需要坐在屋外的时候，拉动木栅栏，可以起到遮挡的作用。原来设计师在地面上做的轨道，是供屋侧栅栏来回拉动的。

木桩有高有低，排列如梯子，可以供人蹬上去清理屋顶

原来破旧的小屋成了院中一景

改造前后对比

2. 门房小屋

这间 3.7 平方米的小屋承载了浴室、厕所、客厅、店铺、卧室的五大空间功能，在两屋相加只有 6.8 平方米的面积里，设计师提供了完整的生活体验。

门房小屋临街窗户

茶室

书房

卧室

吊床打造第二睡眠空间

设计师个人资料

青山周平

出生于日本广岛，日本东京大学建筑环境设计硕士，清华大学建筑学院博士。
现任 B.L.U.E. 建筑设计事务所主持建筑师、北方工业大学建筑与艺术学院讲师。

馄饨店里的家

24平方米馄饨店巧住祖孙三代，“第四空间”打造商住两用房

○ 房屋情况

- 地点：上海
- 房屋类型：老式居民楼，一至三层
- 面积：改造前24平方米，改造后可使用面积为38.6平方米
- 业主情况：三代八口人（宋爷爷、宋奶奶，三个女儿，三个外甥），其中需要住在房子里的有四个人，宋爷爷、宋奶奶、大女儿和三女儿的儿子
- 主创设计：史南桥
- 参与设计：许勇芳、苏佳、吴蔚、吴亦之
- 技术工程师：张远志
- 摄影师：林峻世

改造总花费：32 万元		
硬装花费	材料费：17.5 万元	29.5 万元
	人工费：12 万元	
软装花费	2.5 万元	

宋爷爷家的房子位于上海中心区历史悠久的老城厢，紧邻文庙，这里原来是一整栋楼，在 50 多年前分家的时候，房子被不规则分割成了前后两部分。后半部分由宋爷爷继承，三层总面积只有 24 平方米。目前，狭小的空间里不仅住了四个人，还承担着营业的功能。每天早上 5:30—9:30，房子要用来开馄饨店。

宋爷爷和宋奶奶都 80 多岁了，平时住在二层，和三个女儿一起操持着这个只有 15 个座位的馄饨店。大女儿因为住得比较远，只好和已经成年的外甥一起住在三层的阁楼里。一家人早上 4:00 就开始忙碌，5:30—9:30 营业，天热的时候顾客可以坐在门外，天冷时房间里也会放上两张桌子供顾客使用。梦花街馄饨店从 1992 年开始营业，已经做了 20 多年了，原本弄堂里的小馄饨店，因为用料讲究、味道正宗，名气越来越大，来吃的人也越来越多。

虽然每天辛苦劳碌，但小作坊的经营模式并不能大大提高家里的生活水平。相反，为了节省人工费，年迈的宋爷爷、宋奶奶不得不帮忙一起经营馄饨店。

因此全家人希望通过此次改造，在改善居住空间的同时，也能使馄饨店的经营更上一层楼。

老屋状况说明

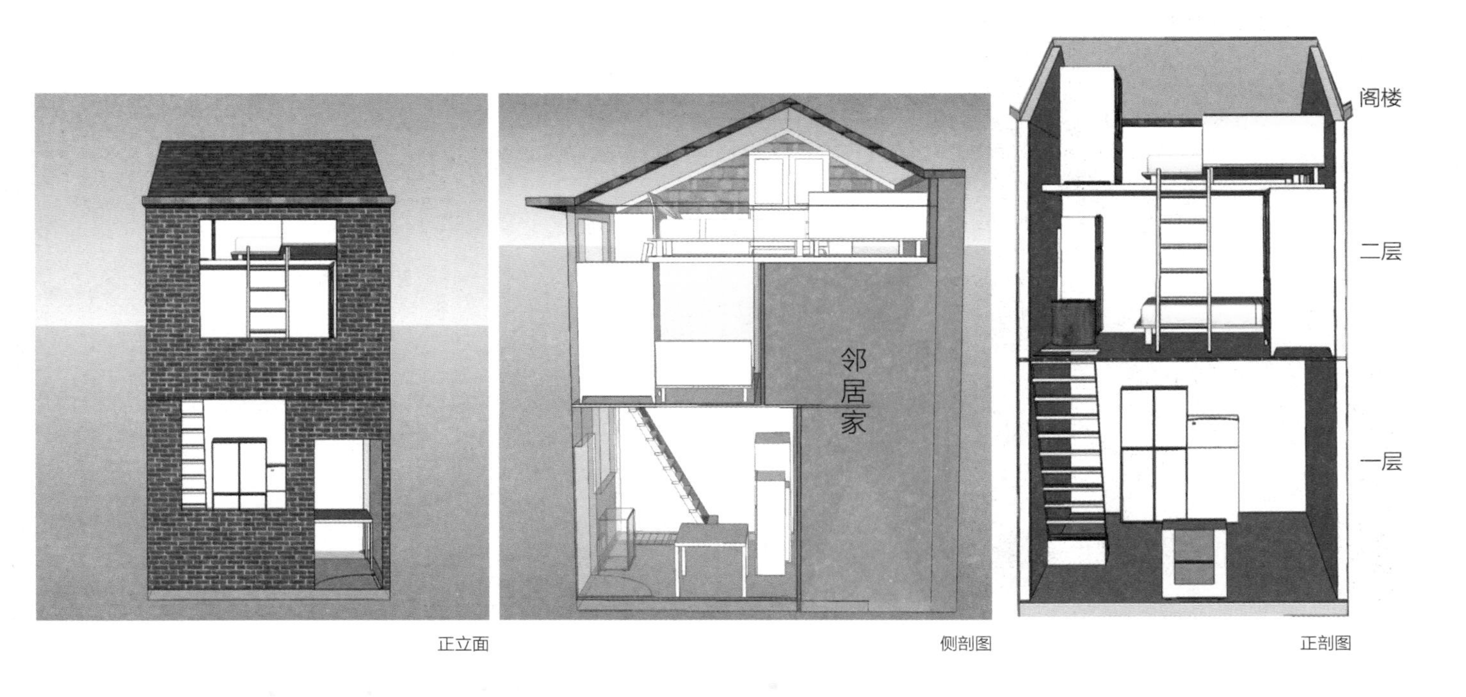

正立面　　侧剖图　　正剖图

1. 房屋狭小

三层一共 24 平方米。一层连 9 平方米都不到，也就只有两张双人床大小。因为地方小，天气好的时候，馄饨店营业的桌子就搬到了弄堂里。为了节省空间，煮馄饨的灶头和全家唯一的水池都搭建在了房子的外面。遇到雨雪天气，一层要全部让出来给顾客，包馄饨的工作只能移到二层进行。

外观

一楼平时用来包馄饨

通往二层的楼梯坡度将近 75 度，家有老人，很不安全

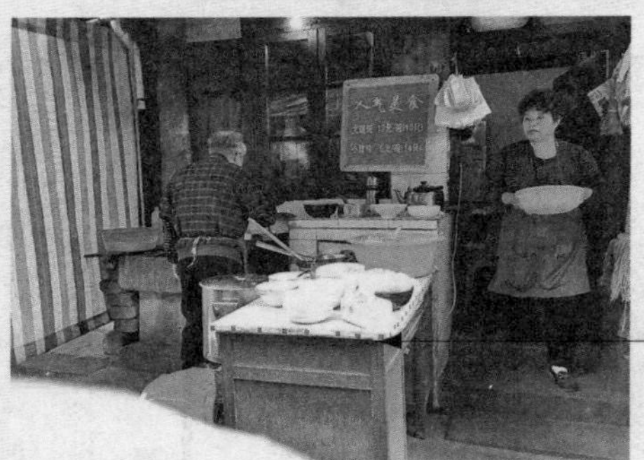

水池和煮馄饨的灶台在室外，对邻居有一定的影响

天好的时候，顾客会在外面吃馄饨，影响行人及邻居

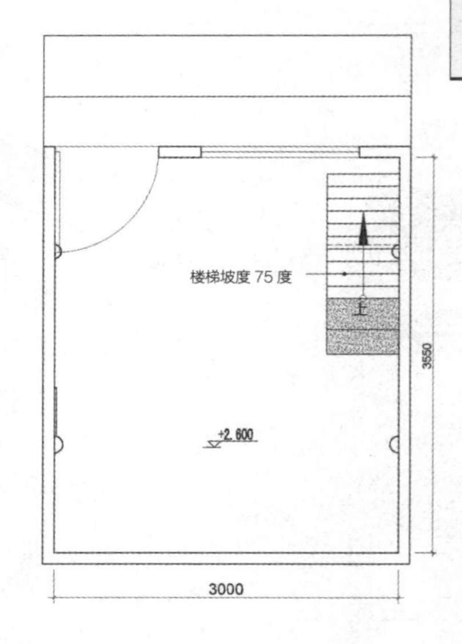

一层平面图

二层是宋爷爷、宋奶奶的卧室，面积只有 6 平方米，连一层面积的三分之二都不到。狭小的空间里只能放下一张双人床、一个不大的衣橱和一台冰箱。

三层不仅是大女儿和三女儿儿子的卧室，还是全家的储物间。但三楼的面积也只有 9.5 平方米，有一部分高度只有 1.5 米。

两张床几乎占满了整个屋子

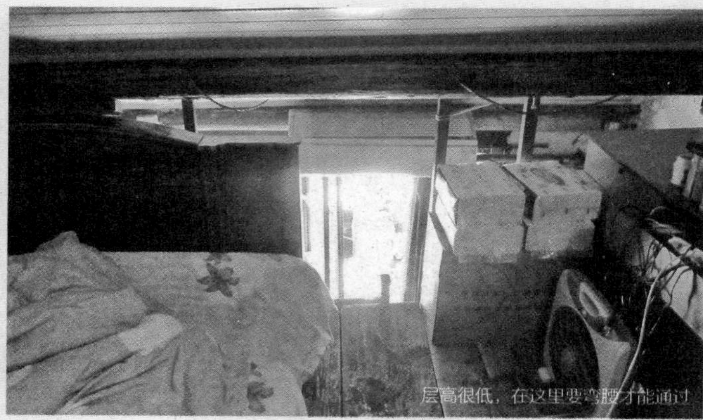
层高很低，在这里要弯腰才能通过

堆了很多杂物

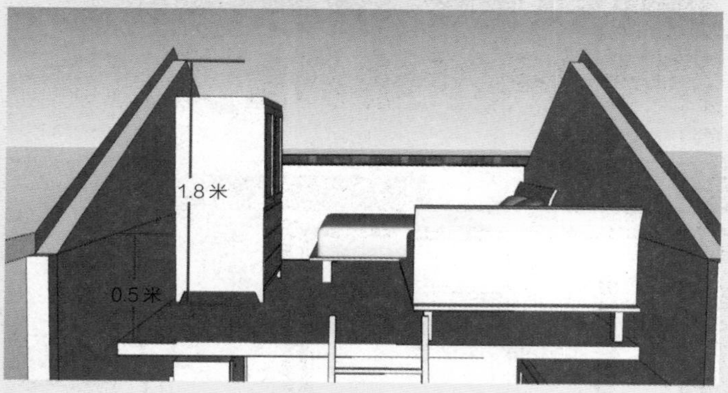

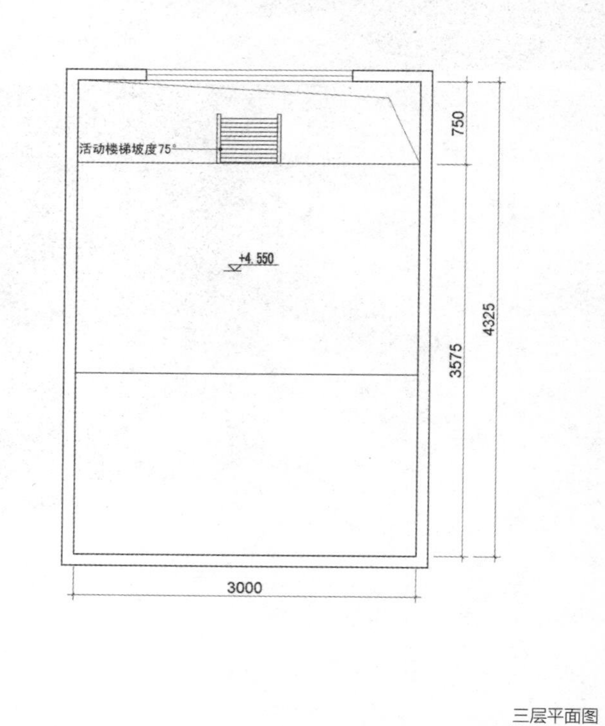

三层平面图

2. 没有基础的卫浴设施

家人如厕只能使用木马桶，而因为空间有限，木马桶只能安放在二层宋爷爷、宋奶奶的床头位置。要想洗澡，两位老人只能带着换洗衣服到二女儿家中。

3. 商住混用，成员间互相影响

经营馄饨店需要很早起床，同住一室的大姨和外甥，作息时间不一致，互相打扰。

困扰业主的主要问题

隔墙质量差	●●●●○	50 多年前，梦花街 19 号被不规则地分成了前后两部分。分割后的房子有三面墙必须与邻居共用。透过隔墙上的缝隙甚至还能看到邻居家。这样的条件，给装修带来了不少麻烦。
层高不足	●●○○○	房子总层高不足 7 米。
没有卫浴	●●●●●	没有卫生间，洗澡、如厕都不方便。
屋内地面较高	●●●○○	多年前，为了防汛，屋内地面被整体抬高。
楼梯陡	●●●●●	楼梯的坡度为 75 度左右，家有 80 岁老人，非常危险。
卧室空间小	●●●●●	家中人口多、卧室少，成年的外甥只能和大姨同住一室。二女儿、三女儿只能回家住，凌晨再赶来包馄饨，特别辛苦。

沟通与协调

业主希望解决的问题：

① 能居住至少四个人。
② 能继续经营馄饨店。
③ 有舒适的卫浴设施。
④ 有方便上下楼的楼梯。

沟通后设计师的建议

1. 空间布局合理优化

一层

馄饨铺的经营，全部搬到室内。一层在营业时，不仅是煮馄饨的地方，还能容纳四个顾客吃馄饨；营业结束后则是全家的餐厅。

商铺模式
煮馄饨的地方
顾客吃馄饨区域
一层空间
营业模式

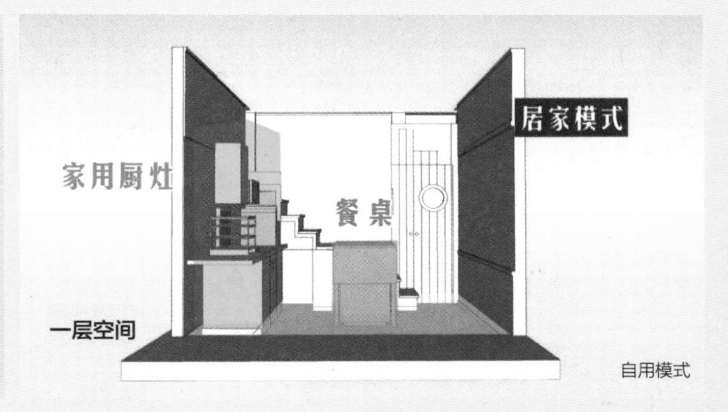

自用模式

可移动式灶台，为一楼争取了空间，保证了功能多样性。

推出前

推出后

外卖搁置架

二层

为了给楼梯预留位置，原本就不大的二楼变得更加狭小，但设计师仍然赋予了这里双重功能。

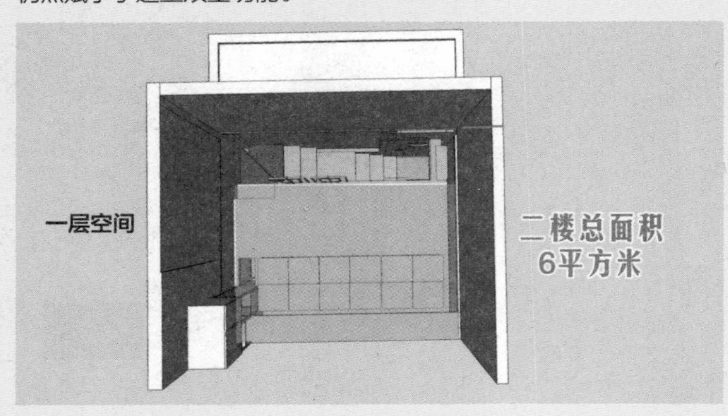

模式一：在馄饨店营业时，二楼是顾客吃馄饨的地方

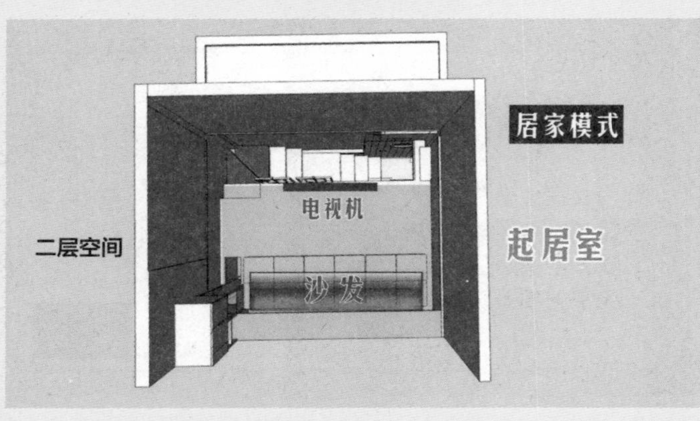

模式二：营业结束后，则是全家的起居室

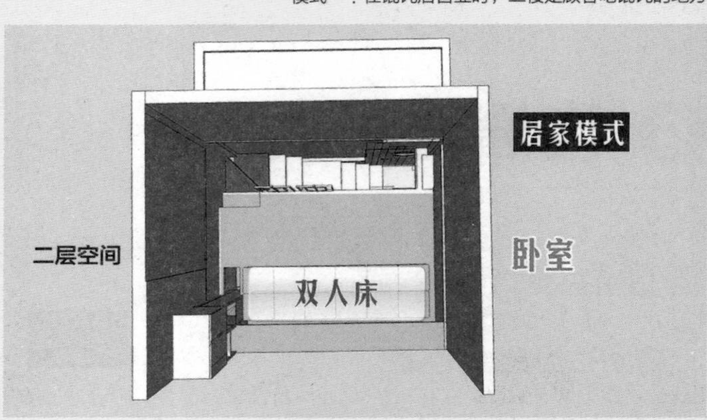

模式三：6 平方米的空间里，设计师还安排了一张双人床，晚上可以住宿

三层

设计师根据房屋的高度，在屋子最矮的两侧分别安排了一张双人床和一张单人床。而在二层楼梯上方和三层顶坡下方还安置了第三张床。整个空间最多可以容纳四个人睡觉。

此外，设计师保留了原有的老虎天窗，将屋内的楼梯搭建在天窗正下方，这样的设计，保证了屋内动线的采光。

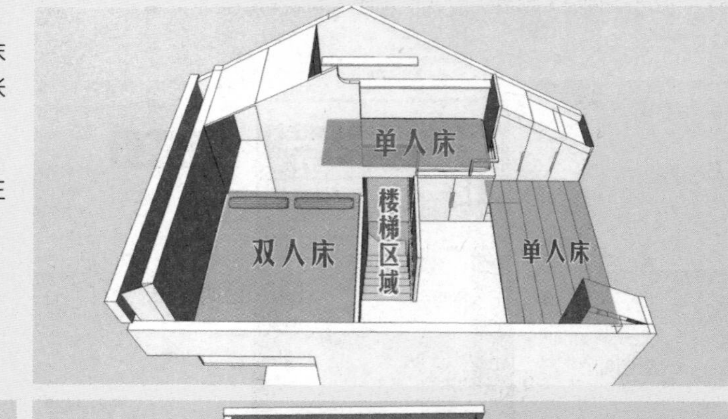

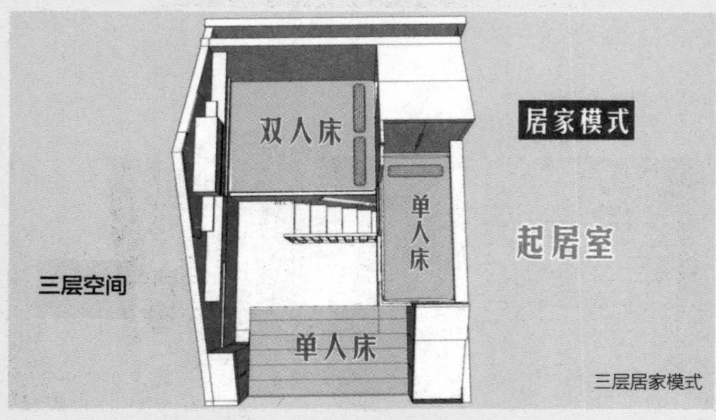

三层居家模式

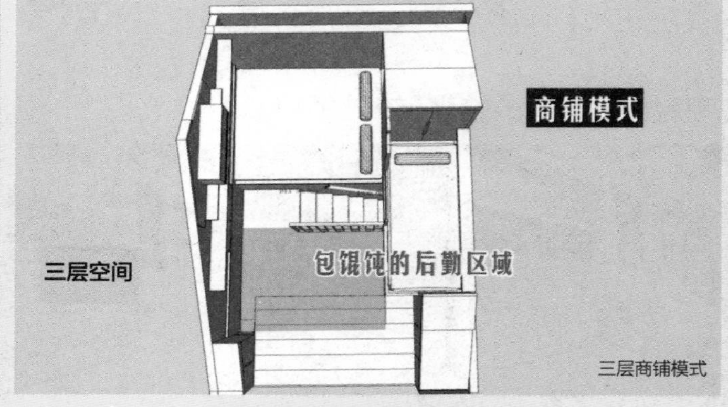

三层商铺模式

由于一层空间的操作空间有限，三层除了具有卧室功能外，还是包馄饨的地方

2. 打造神秘的第四空间

设计师打造了以前没有的第四空间，即一层半的空间，利用液压装置，一张移动板面白天下降可以做营业的餐位，晚上上升可以做睡觉的床位。

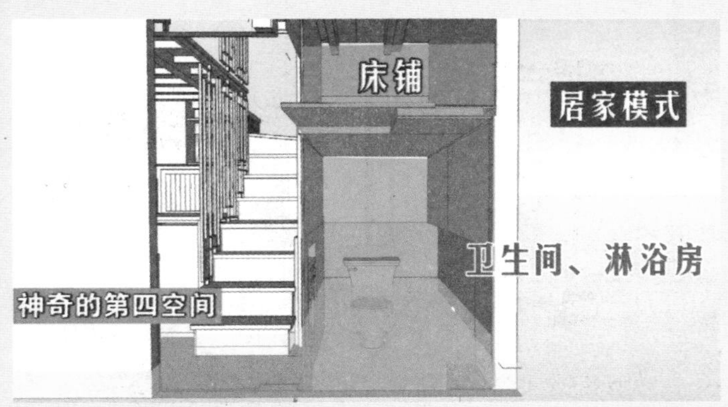

当移动板上升时，上方就是床铺，下方则是设施齐备的卫生间、淋浴房

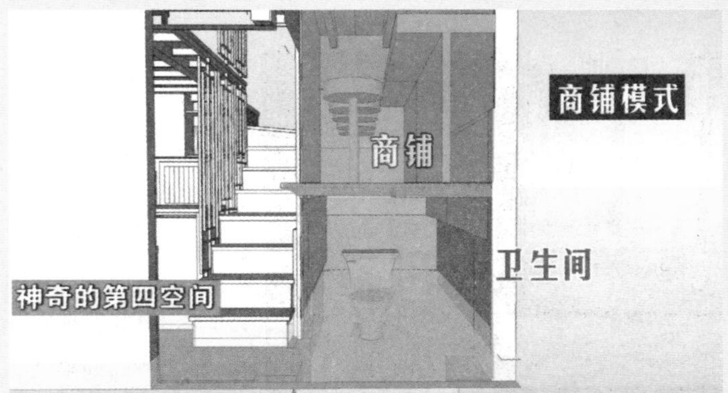

当移动板下降时，上方就是供顾客吃馄饨的地方，下方则保留了厕所的功能

商铺模式

商铺模式

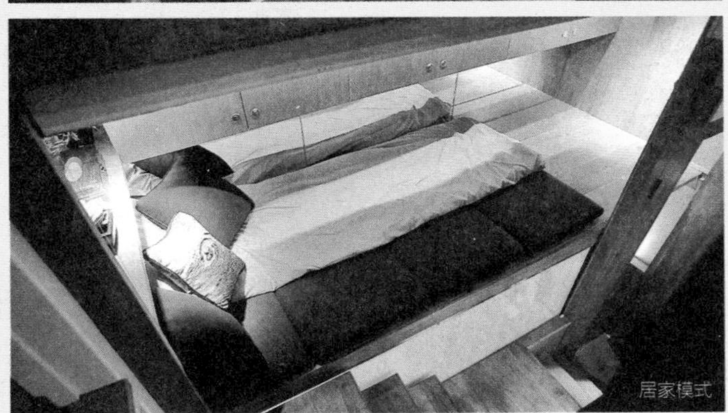
居家模式

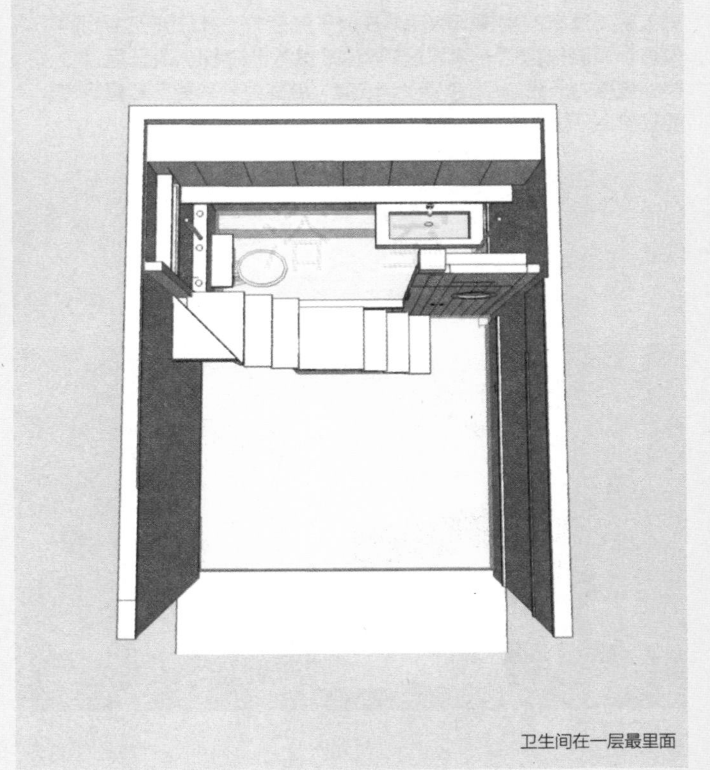
卫生间在一层最里面

3. 增设卫生间

原先没有的卫生间，这次被安置在了屋子的内侧。多年前，为了防汛，屋内地面被整体抬高。这一次，设计师保留了屋子前半部分的地面高度，保证了下雨天雨水不会倒灌。同时，将卫生间区域的地面恢复到了之前的高度。考虑到卫生间地面和一层其他地面之间的高度差，设计师特别选用了品牌电动马桶。

电动马桶能将污物粉碎成液体状，通过排污管向上排放至污水管，解决了卫生间的排污问题

卫生间采用了机械通风，即利用通风机的运转给空气一定的能量，使得室外新鲜空气沿着预定路线进入，然后将卫生间污风排出去

4. 改造楼梯

施工队将原有的楼梯拆除后，在房子的后方，紧靠新卫生间的位置，重新搭建了一个坡度只有 45 度的新楼梯。改造后，楼梯的坡度由原先的 75 度降为 45 度，就算是老爷爷、老奶奶也能轻松上下楼。

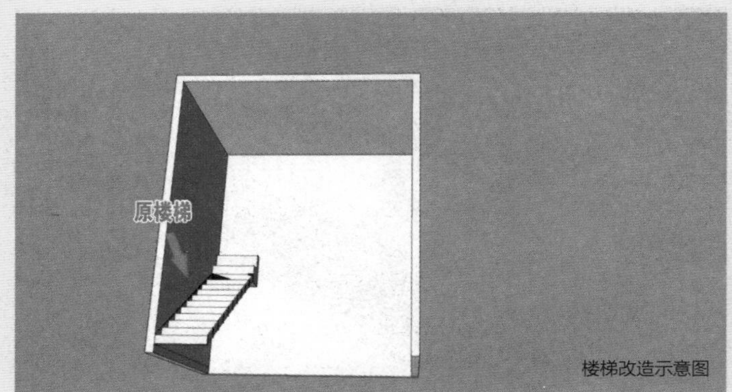

楼梯改造示意图

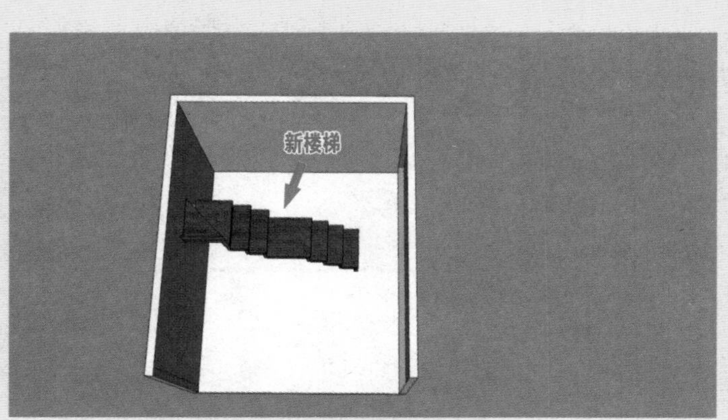

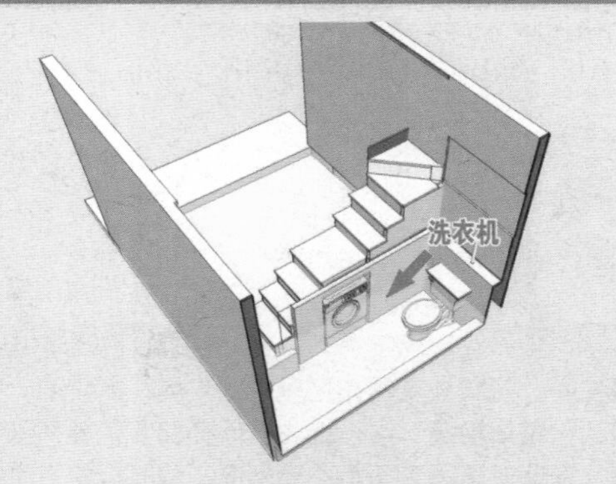

楼梯下方的空间，设计师也没有浪费，成了放置洗衣机的地方

5. 设置玻璃滑梯，方便运送馄饨

三层是包馄饨的地方，如何解决馄饨运下楼的问题呢？设计师决定做一个专门的滑梯，让馄饨直接滑到一楼。施工队按照设计师的要求，把三层和二层的楼板切割出一个洞口，就是留给滑梯的空间。为此，设计师还特意在自己的公司内先做了一个小型滑梯，反复试验，确定馄饨经过滑梯落下后，不会破损和变形。

滑梯通道

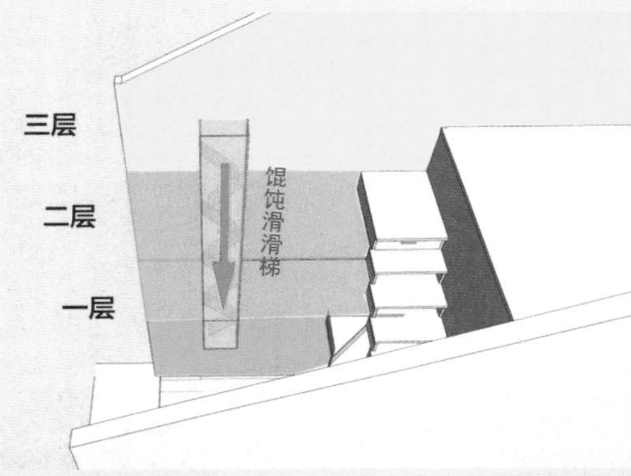

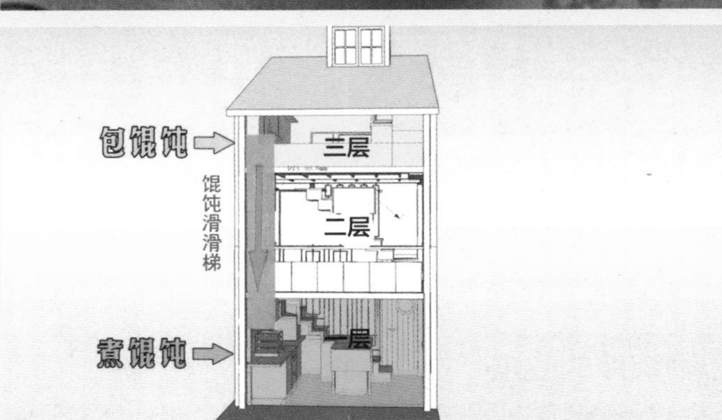

三层，馄饨滑梯顶端，掀开隔板，把包好的馄饨顺着滑梯送到一层

二层

二层传菜梯及馄饨滑梯

各层滑梯的玻璃外墙都可以打开，方便清洗滑梯，保证食物的卫生。

一层，馄饨滑到底没有出现破损

6. 墙面做隔声处理

房子和邻居分隔的墙有缝隙，隔声效果很差，为此改造的时候，这些墙面被钉上了木框，附上石膏板，并铺上了隔声棉，起到了很好的隔声效果。

设计小妙招

1. 陶瓷板的应用

三层总面积也只有 24 平方米的空间里，既要满足居住还要实现商用功能，设计师必须要做到寸土必争。因此，厨房设计中，设计师特别选择了超薄型的陶瓷板。

与普通瓷砖相比，陶瓷板明显薄了很多。不仅可以节省空间，而且由于大块的陶瓷板缝隙少、表面是瓷质的特性，比普通瓷砖更容易清除油渍。

普通瓷砖

陶瓷板

2. 防火系统

今后房子还会被用来经营馄饨店，因此，设计师尤其重视房子的防火设置，屋内所有的木质面都涂上了防火涂料。同时，还特别选择了防火板分别作为橱柜的面板和楼梯的踏步板。

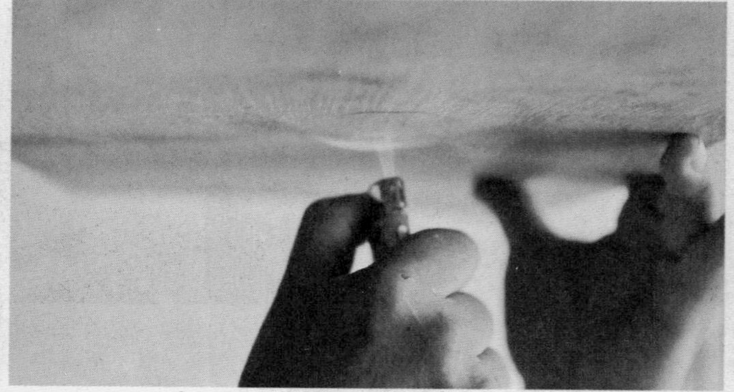

3. 私密空间设计

每个睡眠区域，安装特殊的帘子，透光透风的同时还能保证居住者的私密性。

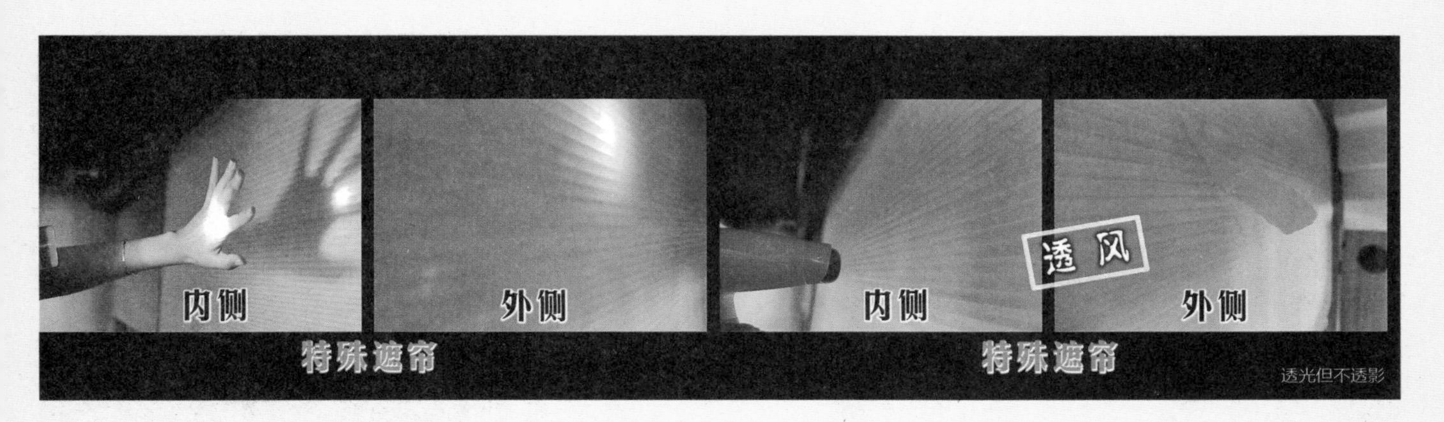

透光但不透影

4. 针对老年人的贴心设计

楼道墙面选择耐磨抗摔的软木

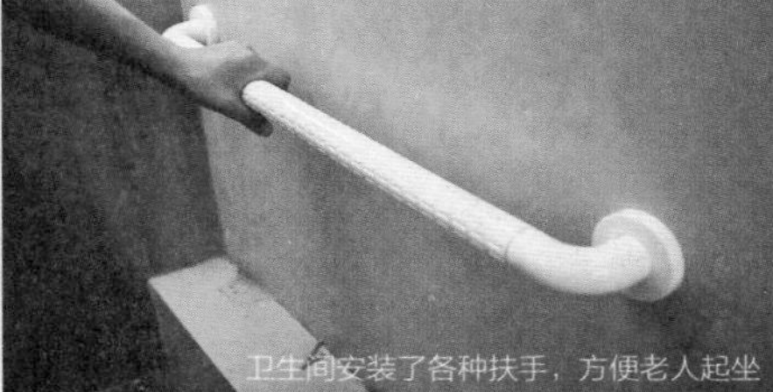

卫生间安装了各种扶手，方便老人起坐

浴室地砖和墙面做了防滑处理

5. 为馄饨店设计的独有标志

6. 旧物利用

原本准备丢弃的米缸，也在设计师的巧思下分别变成了门外的花坛和屋内放置雨伞的地方。

改造成果分享

1. 一楼空间

改造后的一楼空间简洁、明亮，兼具商用厨房和家用餐厅的功能。

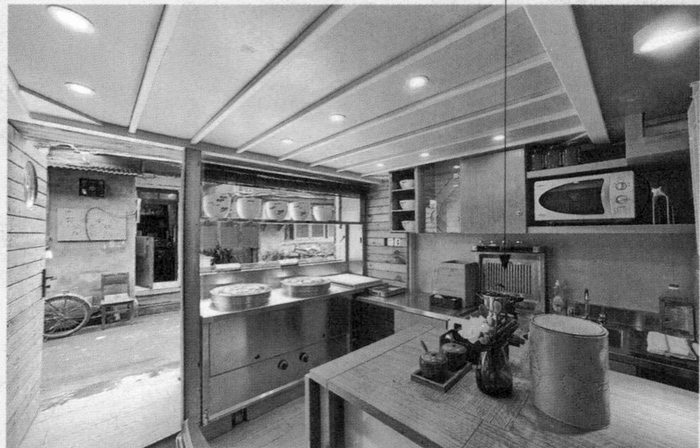

集成灶的使用，解决了家用厨房的问题。近吸式的抽油烟机，再也不用担心墙面清洁的问题

墙面大面积玻璃的使用，让房子看起来特别得宽敞

可移动式灶台的使用，节省了空间面积。

移动前

移动后

整体的煮馄饨灶可以向外推出，节省室内空间

定向轮的使用，使得即便 80 多岁的老人，也能轻松推动

设计师不放弃任何一个角落，哪怕最小的地方都赋予其储物的功能。

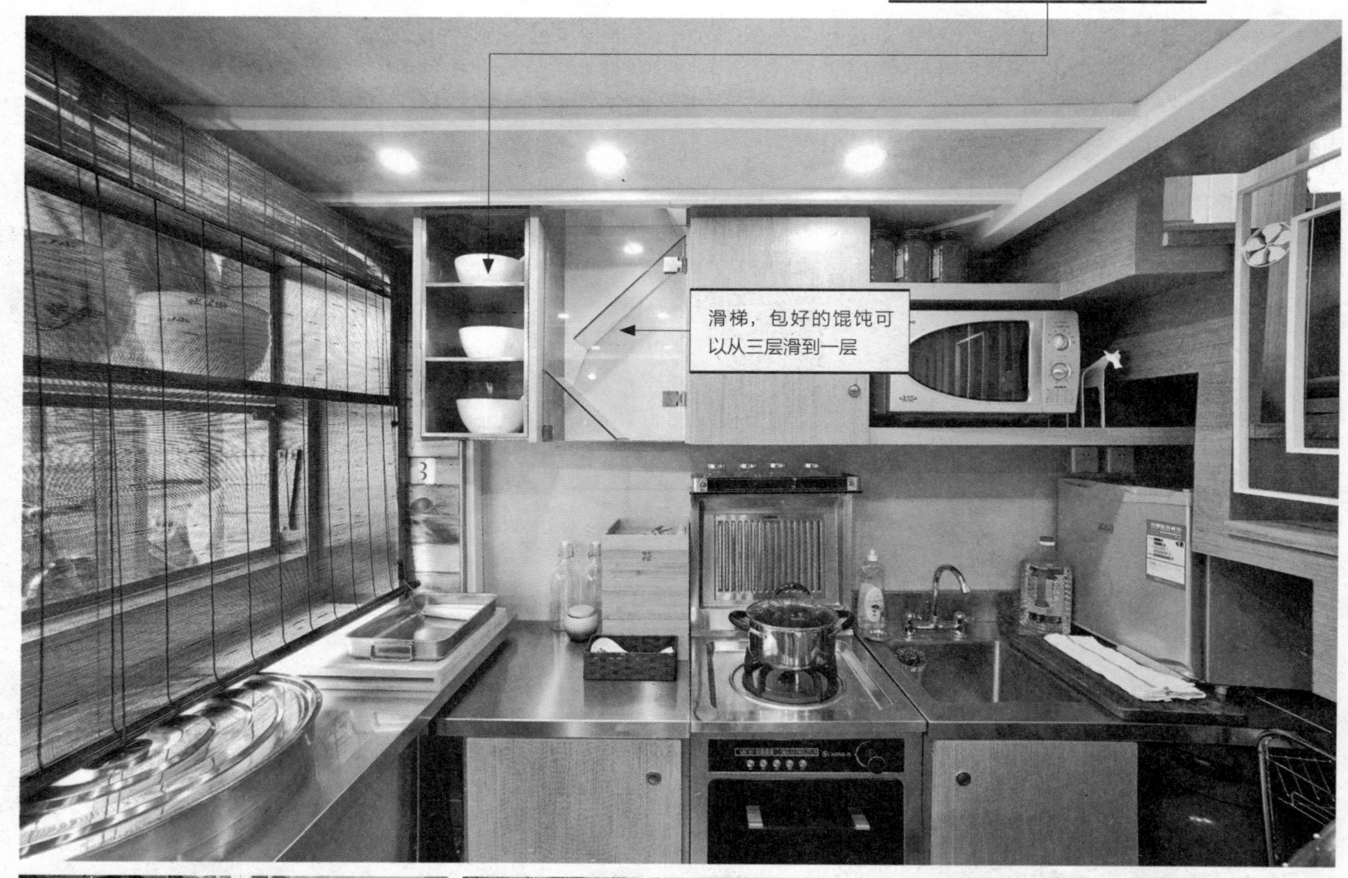

桌面下是冰柜

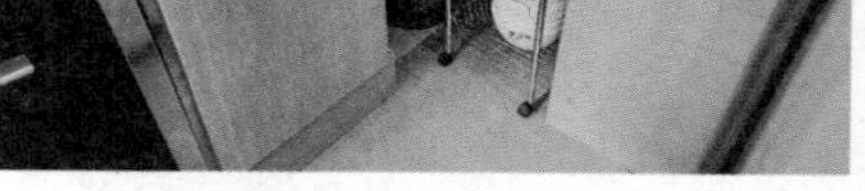

楼梯下方移动收纳台，既不占用空间，又方便使用

改造前后对比

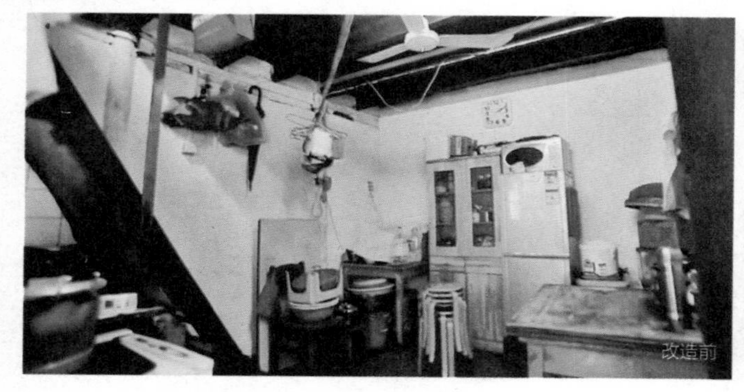

2. 卫生间

新增的卫生间解决了上厕所和洗澡的问题，马桶旁扶手的安装，则保证了老人的安全。

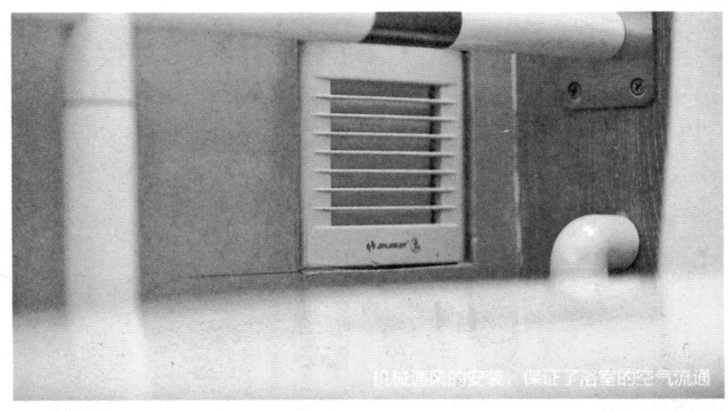

机械通风的安装，保证了浴室的空气流通

超薄型洗手台的安装，解决了生活用水池的问题

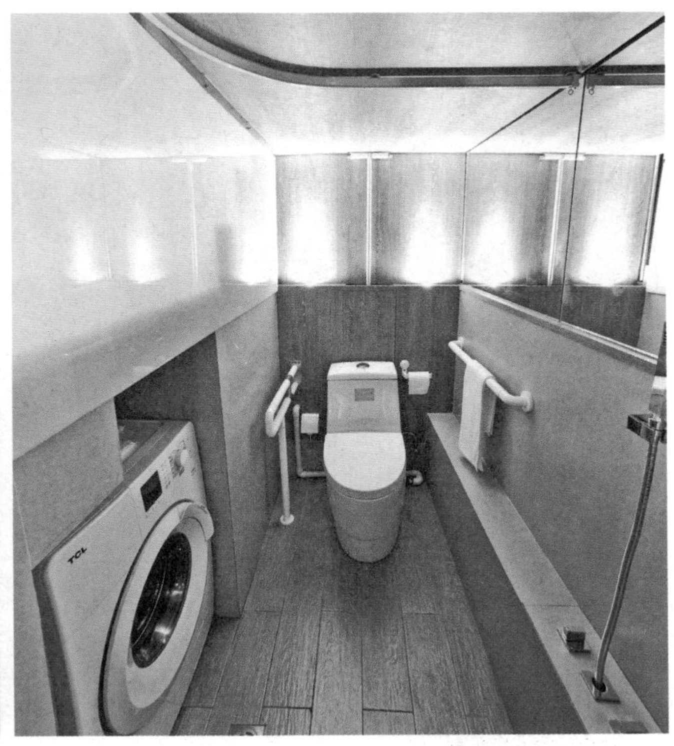

3. 一层半

神奇的第四空间——一层半，白天下降到与楼梯台阶平齐的位置，可以做营业的餐位；晚上上升，可以做休息的空间。

4. 二层

二层白色和原木色的使用，让整个空间显得清新自然、简洁淡雅，给人怡然的感觉。

面对无法切除的横梁，设计师在上方设计了大排的抽屉，保证了储物功能，横梁上的台面也是营业时的桌面。

可扩展的桌板，既不会占用太多空间，又满足了顾客的使用需要。

桌面收起，节省空间

桌面翻开，可以做餐台

两边桌面可以连成一个大桌子

二层空间根据时间段，可以有不同的使用模式。

营业模式

营业模式

客厅模式

卧室模式

休息模式

对于小空间的设计，家具的选择非常重要，改造后的二层，既要满足业主对卧室的需求，还要兼具备会客和营业的功能，为此设计师特意定制了魔方椅。

看上去是椅子

可以收纳物品

可以延展成为茶几

可以拼接成沙发

可以拼接成床

改造前后对比

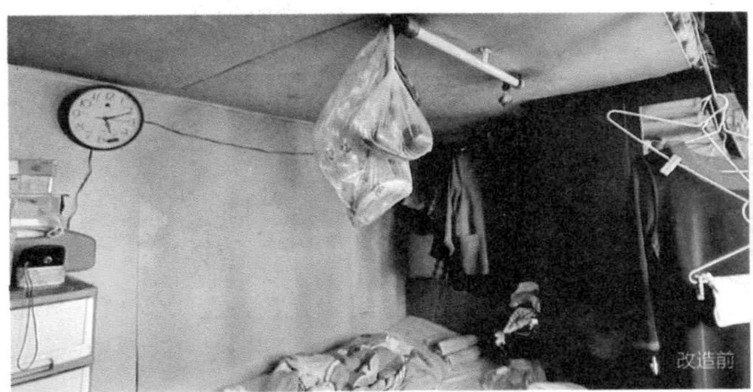
改造前

改造后

5. 三层

设计师在三层设计了多张床铺。

圆窗后面也是一张床

位于楼梯上方的是单人床

沙发可以拉开做双人床

沙发拉开后的床铺形态

圆窗后的床

放台灯的隔板可以翻开，下面就是运送馄饨的滑梯。沙发前的空地，是大家包馄饨的地方

大量的储物区的设计，彻底解决了全家的储物问题

改造前后对比

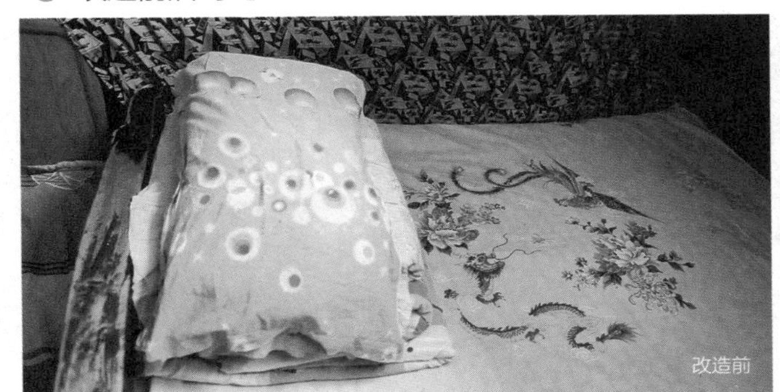

改造前

改造后

设计师个人资料

史南桥

毕业于台湾东海大学建筑系；
上海高迪建筑工程设计有限公司 总经理。

设计是用来服务人群的，我希望把改造当作种子，等待它萌芽、发酵，对社会产生更大的影响力。

史南桥

○ 房屋情况

- 地点：上海
- 房屋情况：原小区水箱改造而成，建于 20 世纪 20 年代。共四层，总层高 8 米，总面积 35 平方米，四个楼梯
- 业主情况：委托人钱先生夫妇、钱先生父母、女儿女婿
- 业主请求：出嫁的女儿回来后有自己的卧室；为了方便家里的老人，需要解决上下楼不便的问题；增加卫生间
- 主要建材：竹胶板
- 设计师：柳亦春

假山一样的家

不规则假四层拆梁改造，新开天窗假山房变洋房

<table>
<tr><td colspan="4">改造总花费：27.5 万元</td></tr>
<tr><td rowspan="3">硬装花费</td><td colspan="2">结构构造：5.5 万元</td><td rowspan="3">25.5 万元</td></tr>
<tr><td colspan="2">材料费：11.5 万元</td></tr>
<tr><td colspan="2">人工费：8.5 万元</td></tr>
<tr><td colspan="2">软装花费</td><td colspan="2">2 万元</td></tr>
<tr><td colspan="4">室外公共楼梯改造 7.5 万元（由节目组承担）</td></tr>
</table>

这是一处由水箱改造而成的居所，通常的设计规范不再适用。由于户型不规范，导致业主储物混乱，基本没有收纳空间可言。房屋虽然有四层，但总层高只有 8 米，而梁底净高最低处只有 1.65 米，在室内走动，稍不留心就会碰头。女儿出嫁了，想要经常回家看看，但没有一个能和老公独处的空间居住。上下四层楼，要依靠四个坡度为 75 度左右的爬梯，非常危险。室内没有卫生间，厨房被安置在屋外公共通道处，对于有年迈老人的家庭来说，这里居住非常不便。

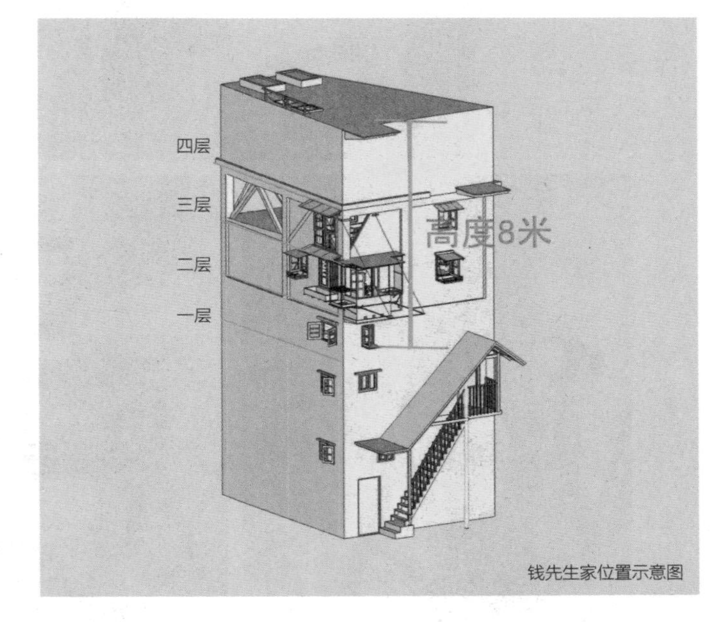

钱先生家位置示意图

老屋状况说明

钱先生家所在的楼房建于 20 世纪 20 年代，目前整栋楼共居住着 7 户人家。爬上三楼，便来到了钱先生家。

1. 厨房在户外

钱先生家门外和邻居家之间一块不足 1 平方米的地方，就是钱家的厨房。做饭的时候经常会遇到邻居上下楼，给邻居的通行造成不便。

室外厨房

2. 楼梯陡峭

要进钱先生家，首先要经过一个坡度将近 85 度的室外楼梯。进到楼内，还要上一个坡度为 80 度的公共楼梯。

二层公共楼梯通往三层

室外楼梯通往二层

钱先生家二层通往三层的楼梯

钱先生家三层通往四层的楼梯

钱先生家一层通往二层的楼梯

四层通往楼顶天台的楼梯

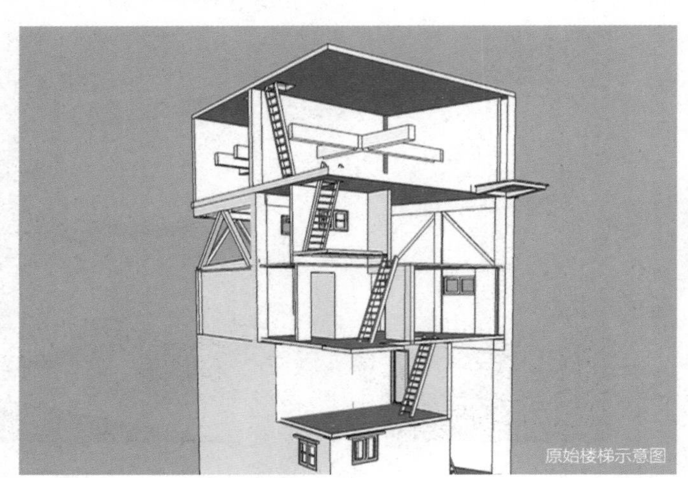
原始楼梯示意图

室内的四个家用楼梯，使得上楼犹如“攀岩”，再加上室内楼梯分布不集中，过多地占用了空间。镂空的木梯踏板，对于钱家爷爷奶奶来说，上下楼也非常危险。不久前，钱奶奶就从木梯上摔下来，腿骨骨折了。

3. 卫生间没有任何遮挡

一推开钱先生家的门，首先看到的是一个木马桶，楼梯下这个毫无遮挡的位置就是钱家的卫生间，使用起来非常尴尬。虽然几年前街道办事处特意为这栋楼的居民们搭建了公共厕所，但要出门上厕所，至少还要爬 3 个陡梯。无奈之下，全家还是继续使用木马桶。而倒马桶的任务，大部分是由钱先生的父亲来承担。对于年迈的老人来说，拎着马桶上下陡梯，非常危险。

4. 户型不规则

业主的使用空间共有四层，但每一层的形状都不一样。更糟糕的是，有一部分还涉及邻居家，无论拆除还是重建，都会给施工增添不少麻烦。

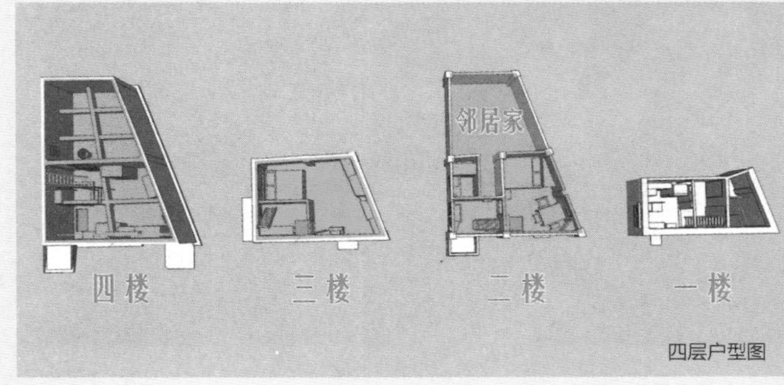

四层户型图

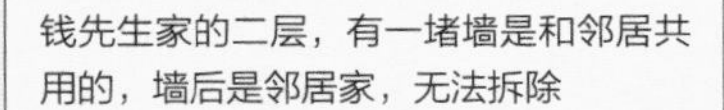

钱先生家的二层，有一堵墙是和邻居共用的，墙后是邻居家，无法拆除

钱先生家的三层，有一块地板是楼下邻居的天花板，无法拆除

5. 房屋结构不是住宅标准

钱先生家的房子原本是整个小区的蓄水箱，建筑本身是按照水库标准建造的，墙面有很多斜撑的梁，当时是为了保证水库的坚固性，但现在这个空间已经成了居住空间，斜撑梁已经失去了作用。

而房屋第四层空间的十字梁也是同样的情况，以前这里作为水箱时，水箱中的水对墙壁压力太大，为了拉住水箱的外墙，设置了多个横梁，现在这里已经不再储水了，这些横梁自然失去了作用。

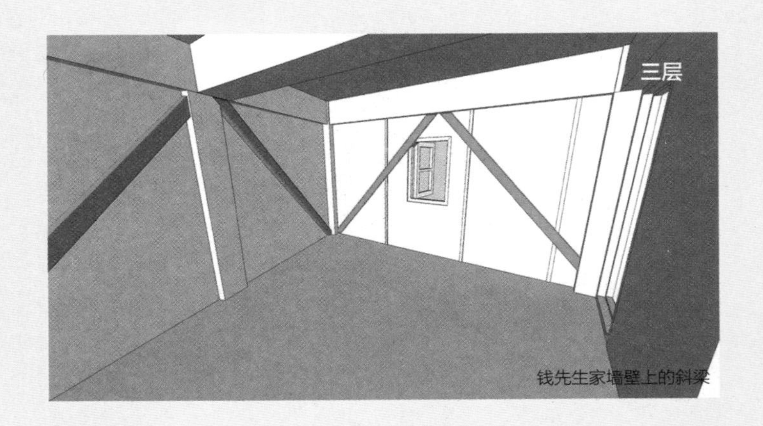

钱先生家墙壁上的斜梁

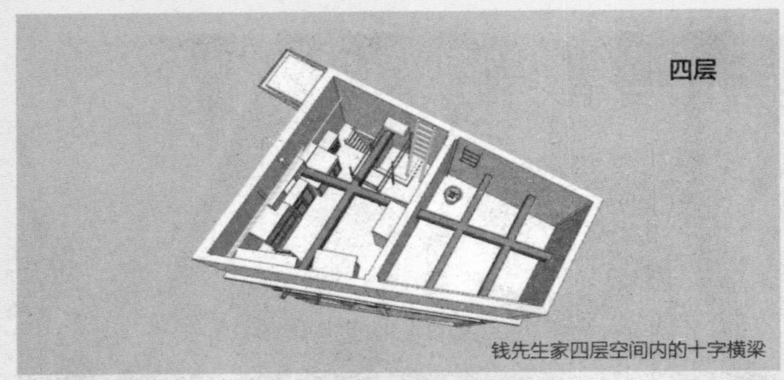

钱先生家四层空间内的十字横梁

四层的横梁很低，通行时只能低头而过，而且因为之前长期浸泡在水中，这些横梁已经出现了腐蚀的情况，成了整个结构的负担。

6. 各层空间面积小，且功能混乱

一层

钱先生家的第一层面积只有 2.3 平方米，以前是钱先生女儿的书房，同时还兼具了储物间的功能，现在屋内堆满了各种杂物，全家的冰箱也放在了这一层。

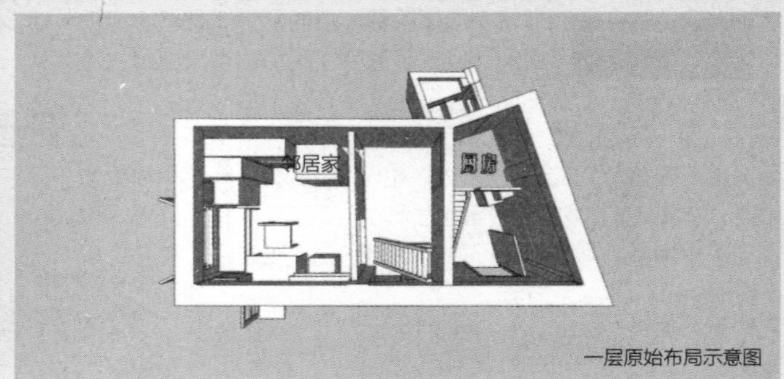

一层原始布局示意图

二层

钱先生家的第二层呈不规则状，面积也只有 6.7 平方米，这里不仅是钱先生父母的卧室，还是全家吃饭的地方。更糟糕的是，家人上下楼，都必须经过钱爷爷、钱奶奶的卧室，会对老人造成打扰。

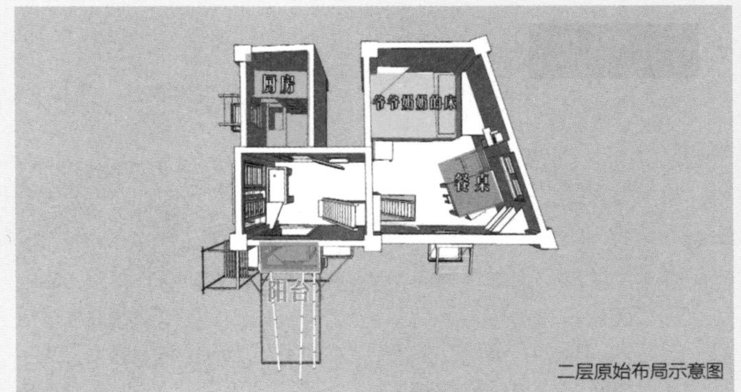

二层原始布局示意图

钱爷爷钱奶奶的卧

全家人的餐桌

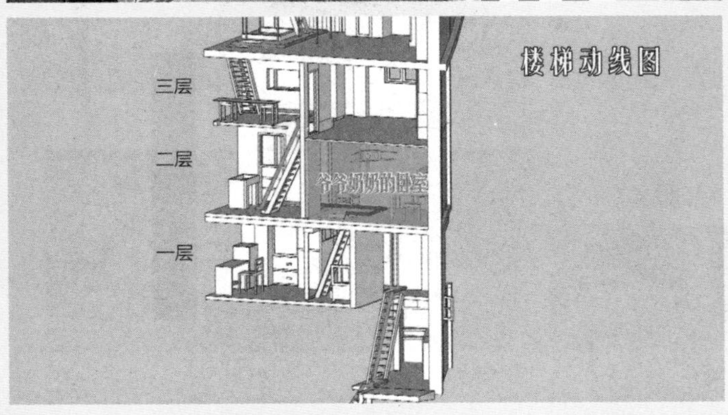

钱先生的工作，需要每天凌晨出门，每次起床、上下楼，都会影响父母的休息

二层阳台上，钱先生的父母在这里做饭

阳台位于二层的南面。令人震惊的是，这个阳台还有另外一个功能：厕所。因为即使在自家使用木马桶，还要往下爬一层陡峭的木梯，对于腿脚不便的奶奶来说，非常困难，也非常危险。为了方便奶奶上厕所，爷爷手工制作了一个痰盂架放在了阳台上。

痰盂架

三层

钱先生家的三层，之前是钱先生夫妻俩和女儿的卧室。整个房间呈 L 形，面积只有 7 平方米，只能放下一张床，多年来钱先生夫妇只能打地铺睡觉。最糟糕的是，屋内横梁太低，梁下高度只有 1.65 米，稍不注意就会碰头。

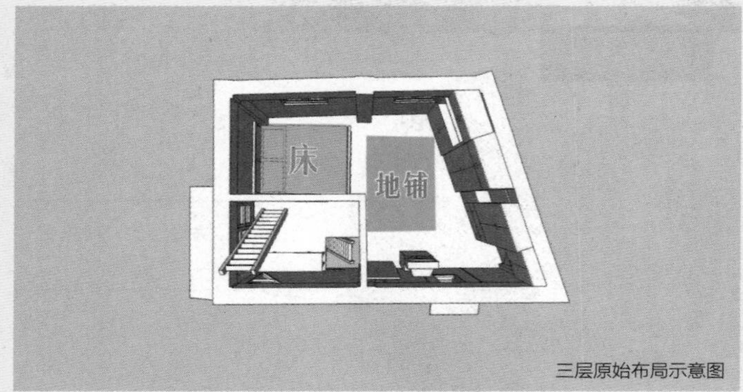

三层原始布局示意图

三层进门处

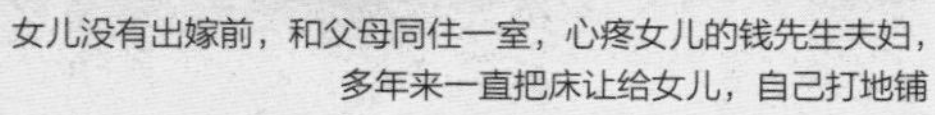
女儿没有出嫁前，和父母同住一室，心疼女儿的钱先生夫妇，多年来一直把床让给女儿，自己打地铺

屋内最低处只有 1.65 米，一不小心就会碰头

四层

钱先生家的四层原本是整个小区的水箱，随着时间的流逝，这个地方早已失去了储水的功能，被钱先生改为浴室和储物间，但仍保留了大量的原始结构。中间有十字横梁，横梁很低，从梁下经过，需要弯腰才行，四层无法作为居住空间。

红线为十字横梁。左边为淋浴间，右边为储藏间

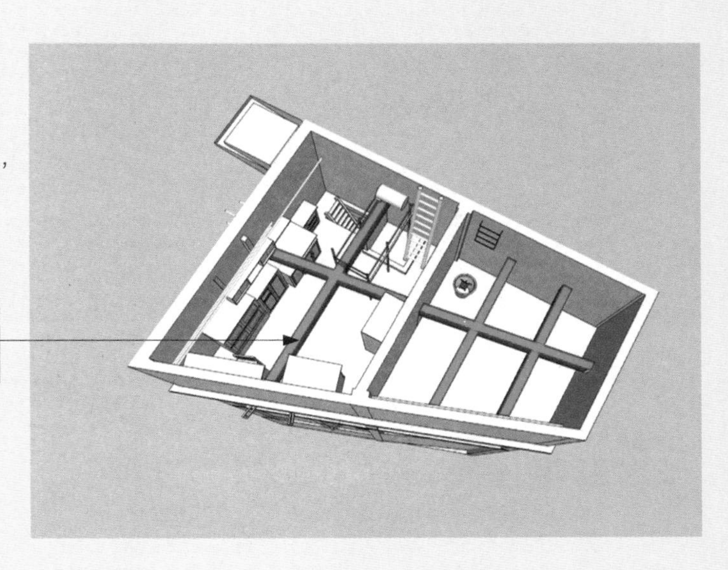

钱先生为父母在楼顶天台砌的小花坛，但由于老人年迈体弱，已经很长时间不上来了

四层的两个空间，墙壁上没有连接口。淋浴间连接着楼下各层，储物间则是完全隔绝的。想要进入储物间，只能先从淋浴间上到楼顶天台，再通过天台的洞口，下到储物间。但天台没有任何保护措施，有安全隐患。

老房体检报告

问题	程度	说明
基本功能空间缺失	●●●●●	厨房、卫生间都是临时的，没有专用的空间，非常不便。
层高过低	●●●●●	四层高度一共才 8 米，且有的楼层中有很低的横梁，导致层高更低，通行困难。
居住空间不足	●●●●●	女儿出嫁前和钱先生夫妇共住一室，出嫁后回娘家，钱先生夫妇只好住到闷不透风的第四层空间内。
动线不合理	●●●●○	住在三层的钱先生出门，必须经过二层爷爷奶奶的卧室，每天需要凌晨上班的他，经常会打扰父母的休息。
上下楼不便	●●●●●	全家上下楼就靠六架坡度为 80 度左右的木梯，有很大的安全隐患。年迈的奶奶，就曾从楼梯上摔下来，把腿骨摔断了。

业主希望解决的问题

① 女儿回家有独立的房间。
② 方便上下楼的楼梯。
③ 有独立的卫生间。
④ 有独立的厨房。
⑤ 在屋内行走不再碰头。

沟通与协调

沟通后设计师的建议

1. 功能布局重新规划，满足使用功能

设计师把一层设为玄关，二层规划为全家的客厅、厨房。为了方便爷爷奶奶的生活起居，设计师还在二层半的地方设置了卫生间。厨房、客厅的上方，即钱先生家的三层被设计为爷爷奶奶的新卧室。四层是钱先生夫妇的卧室和起居室，起居室同时也是女儿女婿回来住时的卧室。

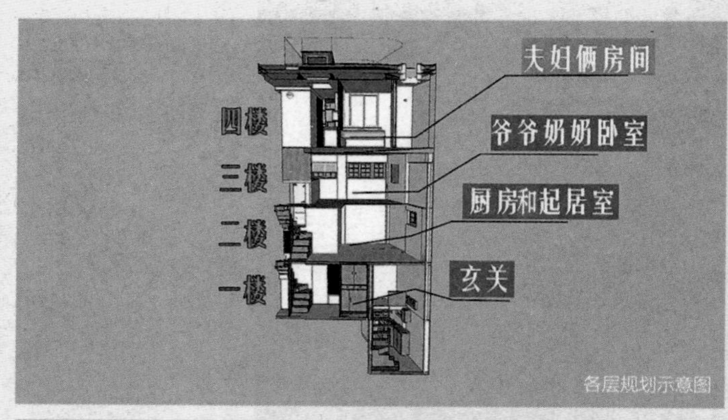

各层规划示意图

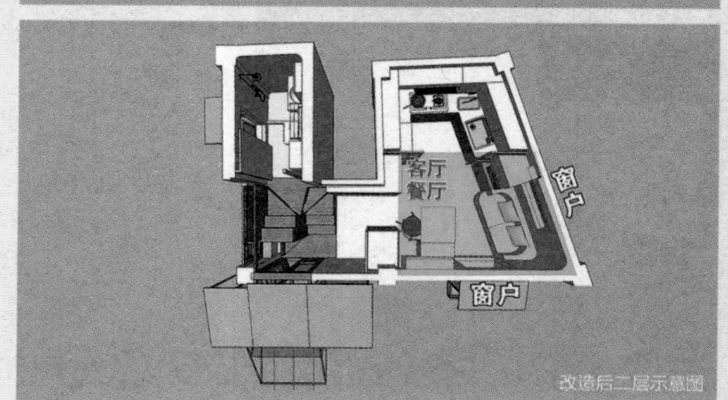

改造后二层示意图

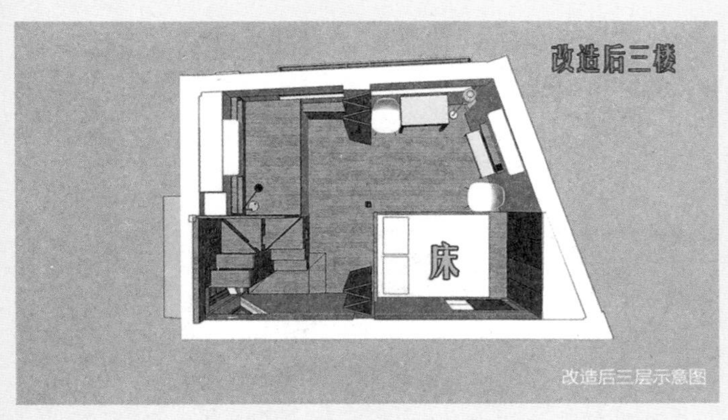

改造后三层示意图

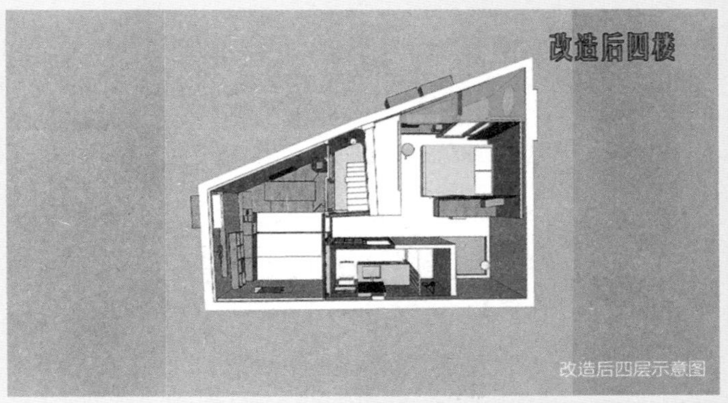

改造后四层示意图

2. 改变楼梯布局，节约空间，方便使用

无论是室外楼梯还是室内楼梯，都是困扰钱先生家的大问题。改变零散的旧楼梯布局，缩小楼梯的占用面积，减小楼梯坡度，都是这次改造楼梯面临的难题。

原有楼梯动线图

设计师把原来的楼梯口用钢筋水泥进行了封堵，之后在房子的西面安装了新的楼梯。

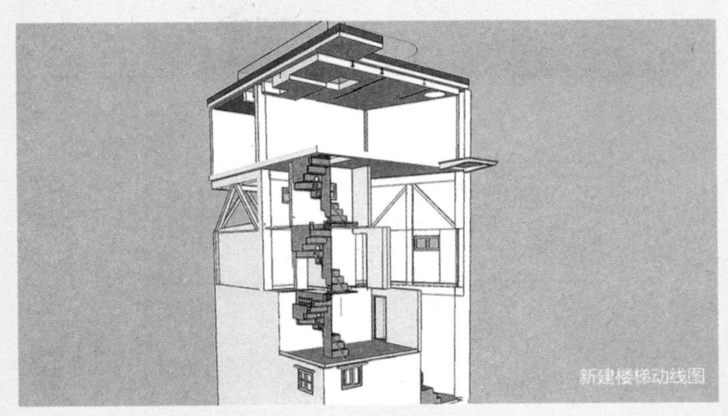
新建楼梯动线图

改造后的楼梯放在房子的西面，位于同一个垂直空间里，节省了空间。同时楼梯坡度也得到了减缓，由原来的接近 80 度变成了 40 度。设计师还在楼梯上设置了小的洞口，防止楼梯面宽不够，增加了踏步使用的安全性。

3. 打造多个半层空间，充分利用垂直规划

钱先生家四层总层高只有 8 米，在这个有限的空间内，设计师打造了很多的半空间。以楼梯为基准，一侧为生活空间，另一侧为半空间。配合楼梯高度，设计师将钱先生家一层到三层的垂直空间横向分割成了三部分，分别为楼梯间、储物空间、卫浴空间。

楼梯一侧为生活空间

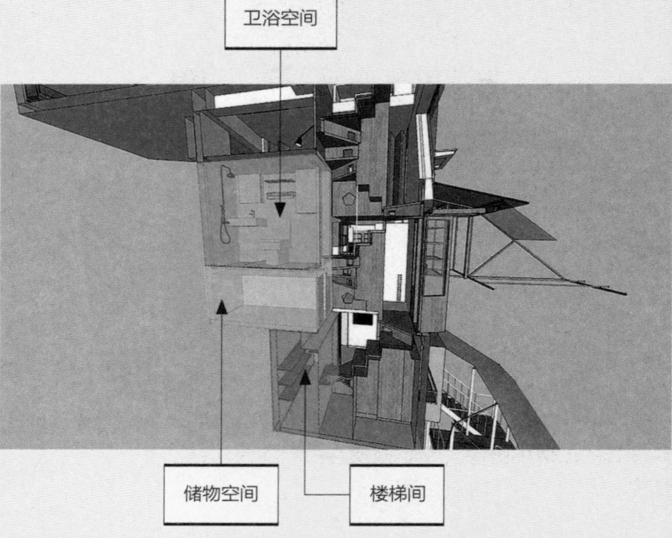

改造后空间模型图

储物空间

储物空间：储物空间位于卫生间下方，同时也是卫生间管道的空间，有了这个空间之后，家里管道的维修也会变得非常方便

4. 卫生间的增加，解决了业主的基本生活需求

爷爷奶奶的卫生间位于二层半，正好在爷爷奶奶的卧室和他们白天待得最多的起居室中间，上下都只要半层就能轻松到达。同时设计师在四层为钱先生夫妇增设了一个独立的卫生间。

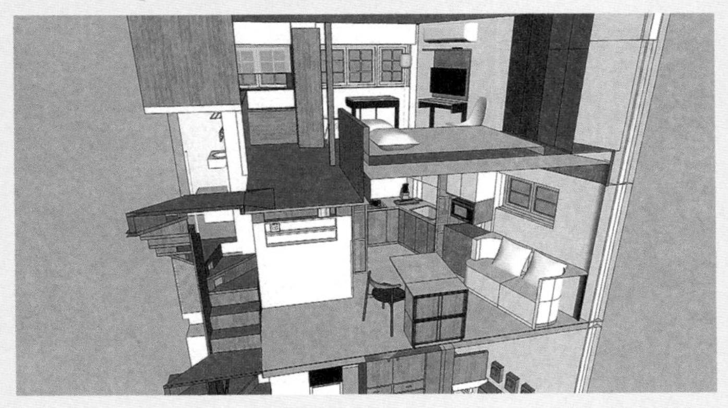

楼梯一侧为生活空间

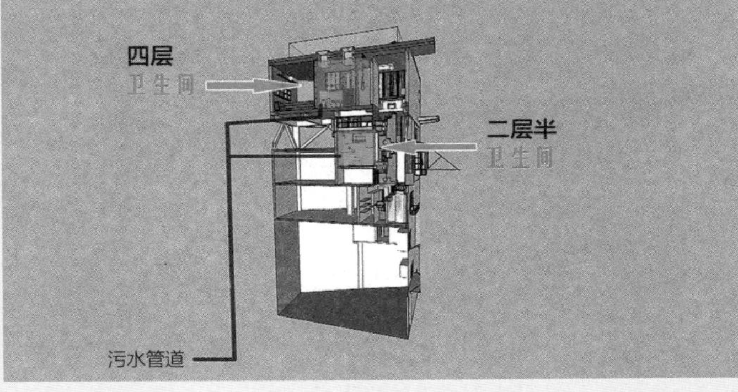

卫生间分布图

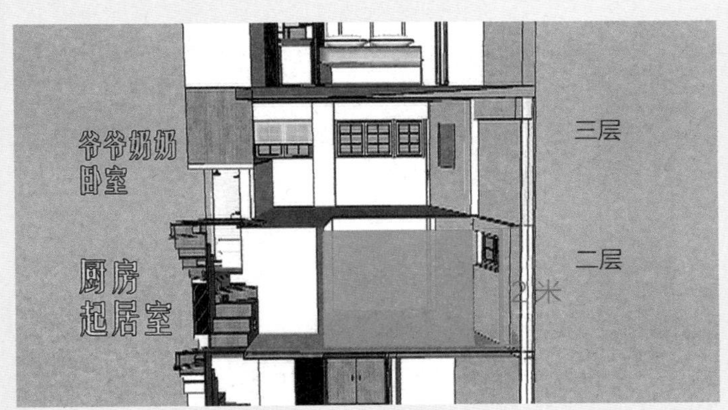

二层层高 2 米

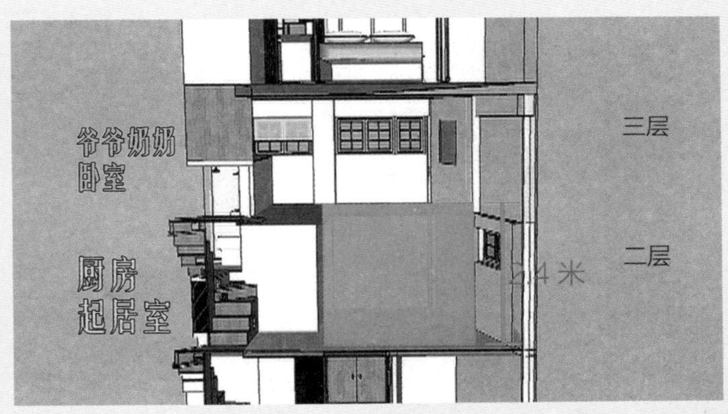

部分区域层高抬到 2.4 米

高出的位置设置了爷爷奶奶的床

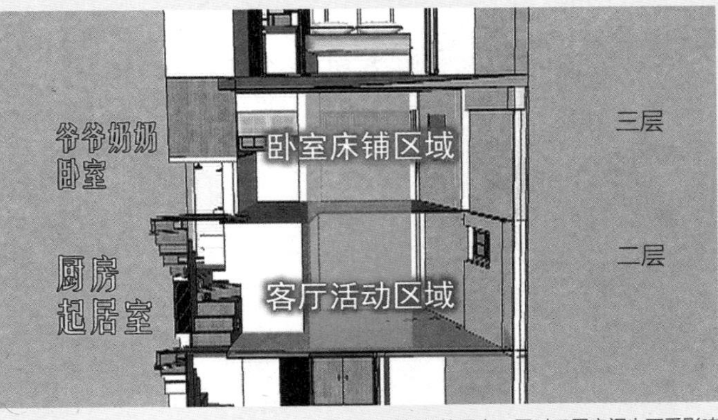

二层客厅赢得了相对舒适的层高，同时三层空间也不受影响

利用同样的设计手法，设计师把二层半卫生间的屋顶设置为爷爷在三层的工作台面。避免在三层空间里再摆放家具，占用空间的问题。

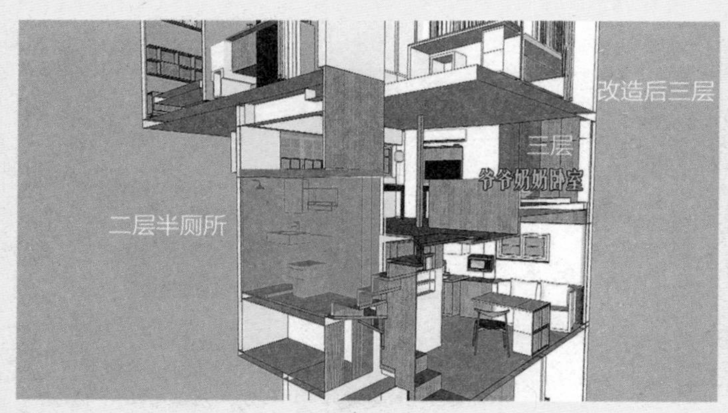

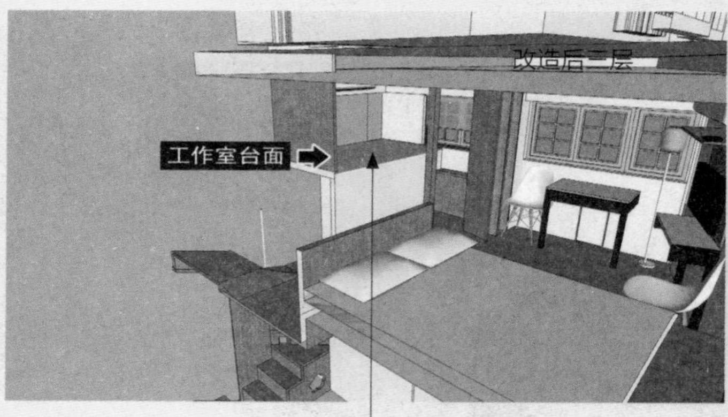

卫生间的屋顶为工作台面

5. 改造横梁，释放空间高度

本身层高就偏低的原始空间，第三层的横梁还向下凸出了 32 厘米，导致梁下的高度只有 1.65 米。为此设计师特意测量了钱家五口人的身高，根据他们的身高需求，施工队把三层横梁的厚度去除了 17.3 厘米，使得梁下高度变为 1.823 米，满足了钱先生一家的通行需求。

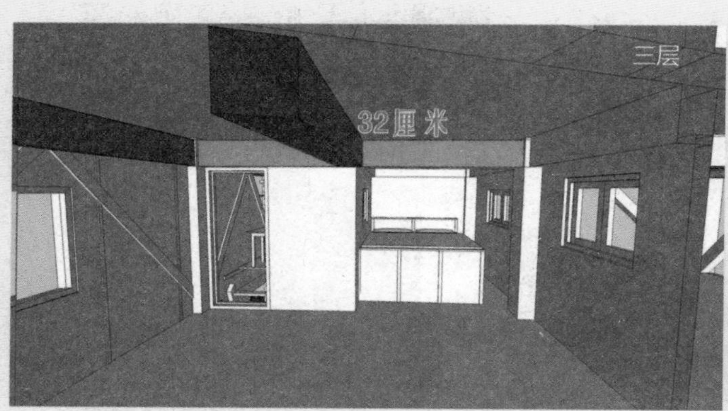

改造前的梁厚

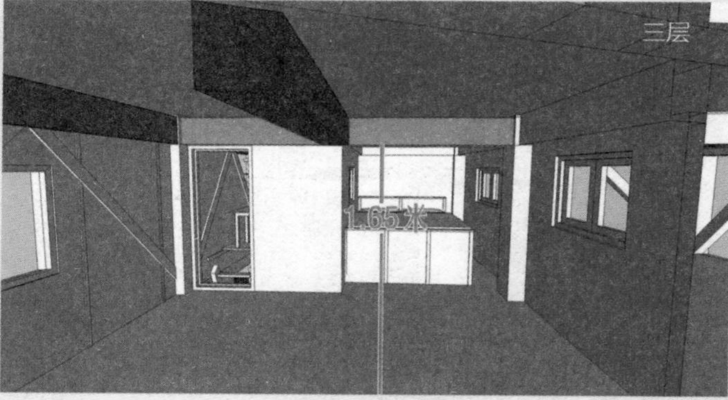

改造前的房高

改造后的梁厚

工人把厚梁切薄

横梁厚度消减的同时，施工人员通过钻孔机把梁打穿，灌入高强度混凝土，使之与原有结构进行咬合，并加入了钢筋，使得横梁的坚固性比原来还要强。

新横梁使用了高强混凝土，高强混凝土的最大特点就是抗压强度高，是普通混凝土的四到六倍。同时，高强混凝土一天之内就可以拆模，而普通的混凝土大约需要两个星期才能把模板拆除。高强混凝土的使用既保证了新横梁的坚固性，又缩短了施工时间

四层空间的十字横梁，原来是因为水箱中的水对外墙会有压力，为了拉住外墙而设置的，现在已经没有留存的必要了。设计师采用了静力切割法，切除了全部横梁，彻底释放了四层的空间。

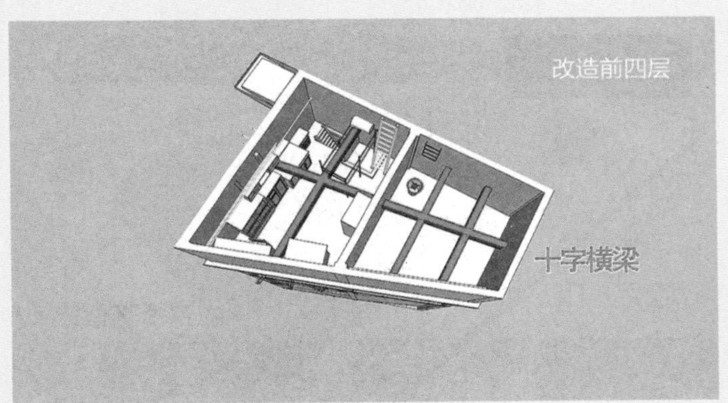

四层的横梁

工人在用静力切割机切除横梁

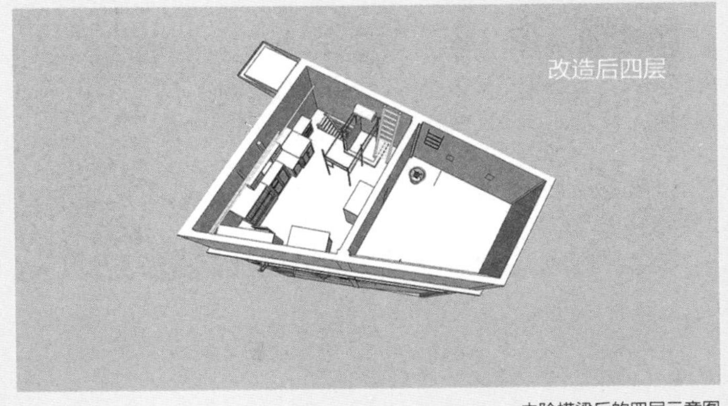

去除横梁后的四层示意图

6. 四层空间巧妙利用，旧水箱变洋房

(1) 墙上开门，改善原有通行方式

四层是两个相对隔绝的空间，一个连通着楼下的淋浴房，一个是只有楼顶天窗的储物间。两个空间通过房顶的入口连接。现在设计师在两个空间之间的墙上开了一个门，连通了两个相对隔绝的空间。

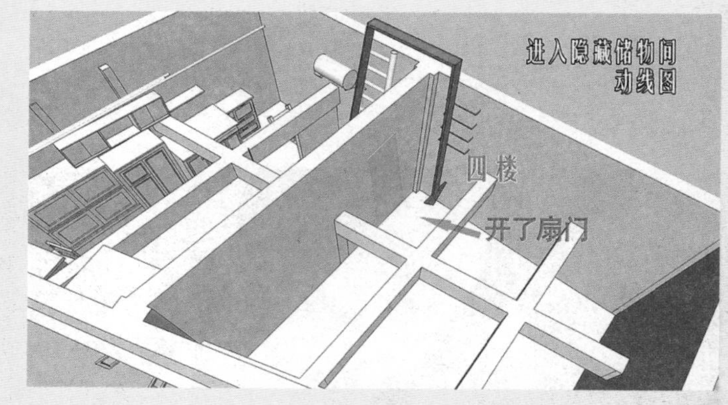

墙体开门示意图

(2) 改善通风采光

为了解决这个新空间的通风问题，设计师在这层一共设计了 8 扇窗户。

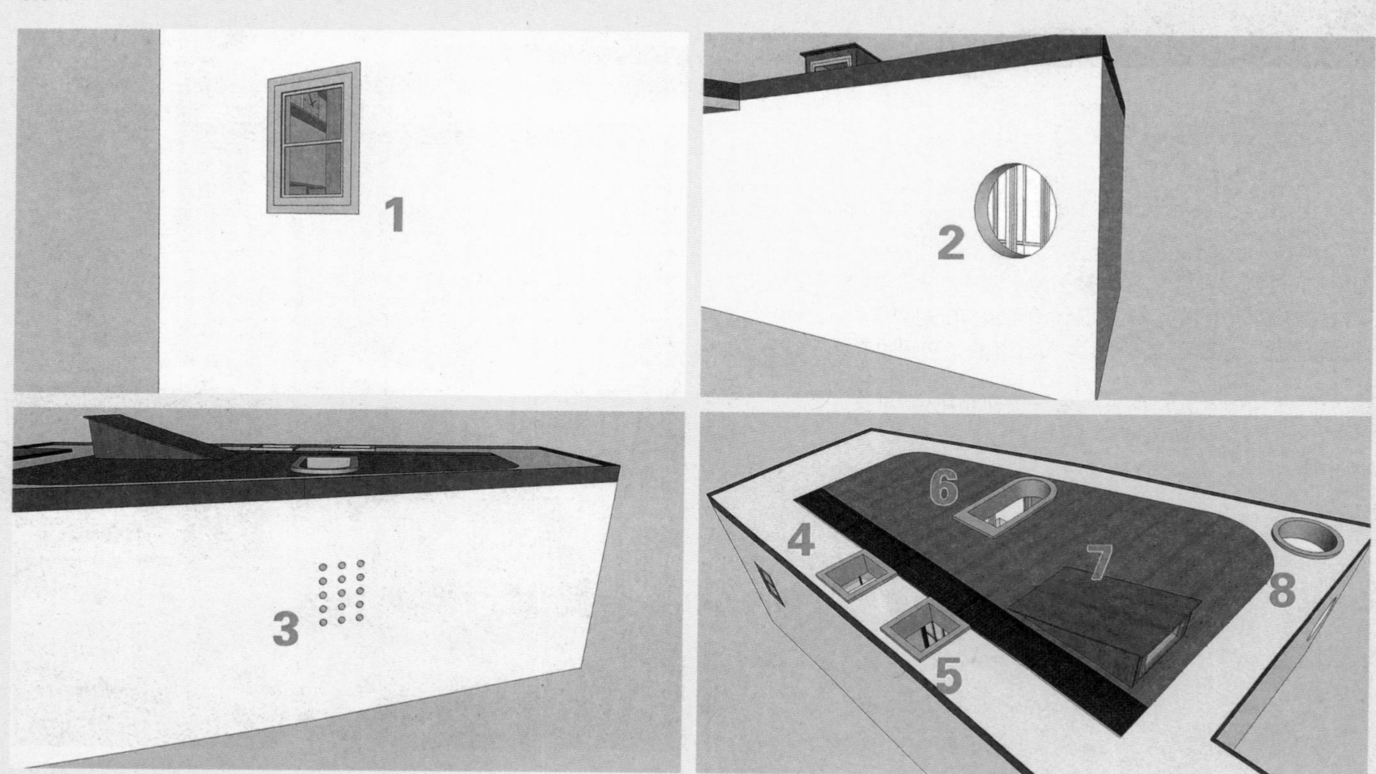

四层开窗示意图

屋顶除了原来的两个天窗外，还做了一个老虎窗。老虎窗朝东，早晨阳光从老虎窗口进入室内，下午西面的阳光会照到老虎窗的坡面，避免了西晒的问题。

老虎窗还有另外一个作用：未安装坡面的窗口，可以作为家里大型家具进入的吊装孔。

(3) 增设天井

为了更好地通风采光，设计师在四层增设了两个内天井。一个利用房屋中不好利用的尖角地带，做成小阳台，并在墙上开设梅花窗，营造出江南庭院的雅致氛围。另一个天井装有楼梯，既为四层客厅解决了采光通风问题，也是到达屋顶平台的通道。两个天井下面都设有地漏，如有雨水进入，便于排水。

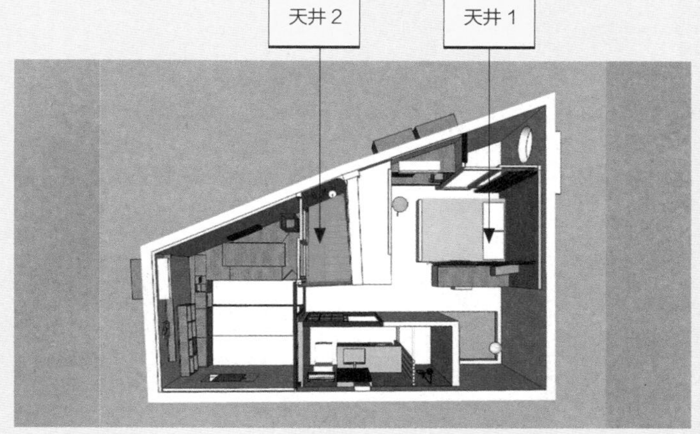

天井 1

天井 1 的梅花窗

天井 2

天井 2 出口

7. 材料的使用

竹胶板：设计师选用了环保的竹胶板。竹胶板比普通木材更密实、更美观，而且竹子本身能自动调节环境湿度，具有冬暖夏凉的特性。竹胶板不会有太大的变形，所以不用刷油漆，很环保。设计师不仅用竹胶板做了很多家具，还直接用竹胶板在不加龙骨的情况下铺设地面，节省了空间的高度。

大量竹胶板的使用

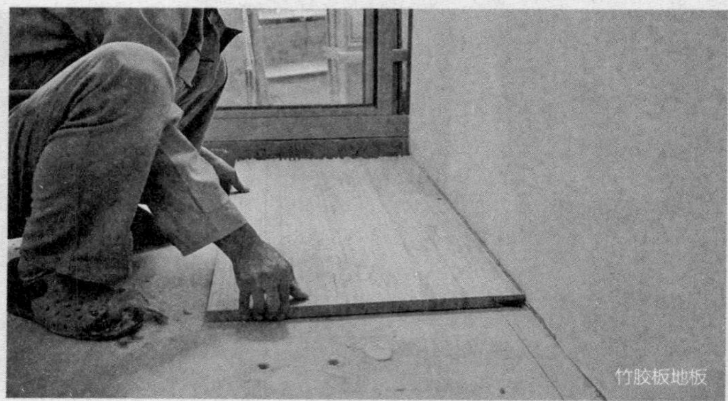
竹胶板地板

六边形马赛克：地面和一些墙面的材料选择了六边形的马赛克，因为六边形马赛克在做圆的时候是无缝连接的材料，而且对于地面平整度的要求相较其他瓷砖来说更低，不用做找平，进而节省了空间的高度。

大量竹胶板的使用

竹胶板地板

8. 室外楼梯改造，方便整栋楼居民通行

在征得物业和所有居民的同意后，设计师对原有的户外楼梯进行了改造，设计师拉长了楼梯长度，由此放缓了楼梯坡度。

新搭建的室外楼梯不仅解决了上下楼难的问题，还解决了楼下居民下雨天雨水积存的问题。有了这个新楼梯，整栋楼晾晒衣服的问题也迎刃而解，楼下的居民，下雨天再也不用担心晾在外面的衣服会被淋湿了。

原有户外楼梯

改造后户外楼梯模型

9. 整栋大楼外表刷新，形象焕然一新

施工人员用环保材料，把整栋大楼的外立面都刷了一遍。

改造前外观

改造后外观

暖心设计

因为老人对家里的很多老物件都非常珍惜，设计师保留了很多旧家具的片段，整合到新的家具中。尽管旧家具的质量并不算好，但是一个抽屉、一片门板、一张旧桌子，都承载着主人往日生活的点滴。

女儿的旧吉他，做成了花架

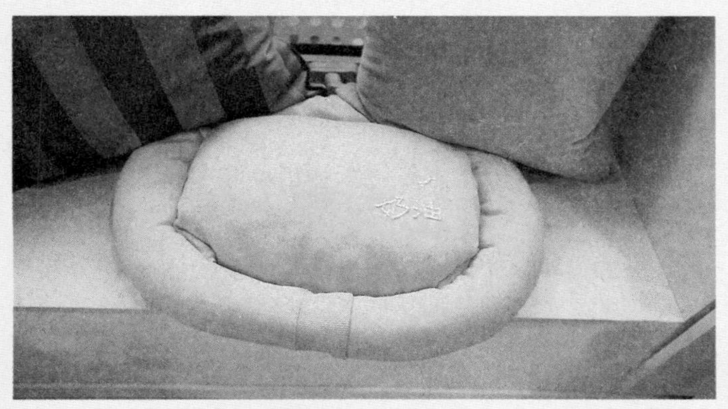
女儿的旧衣服做成了狗狗的床

旧家具的门板做了柜门

家里 80 厘米 ×80 厘米的方桌被一分为二，一半宽 30 厘米，加了小抽屉和隔板，用作电视柜；另一半宽 50 厘米，用作爷爷的新书桌。两个小桌还可以合并为原来的方桌继续使用。

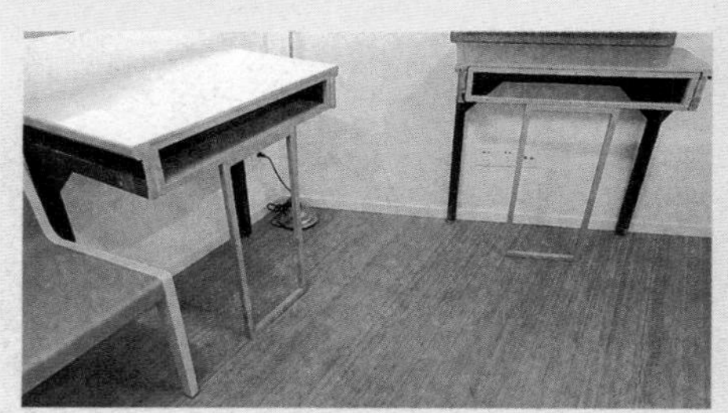

改造后的新场景

改造成果分享

1. 玄关

改造后的一楼简洁明亮，是业主家的玄关。新玄关最大的特点就是收纳空间多，彻底解决了钱先生家的储物问题。

不仅入口处设有柜子，楼梯下、楼梯侧面等都可以用来收纳物品。一层半还有一个超大的储藏空间

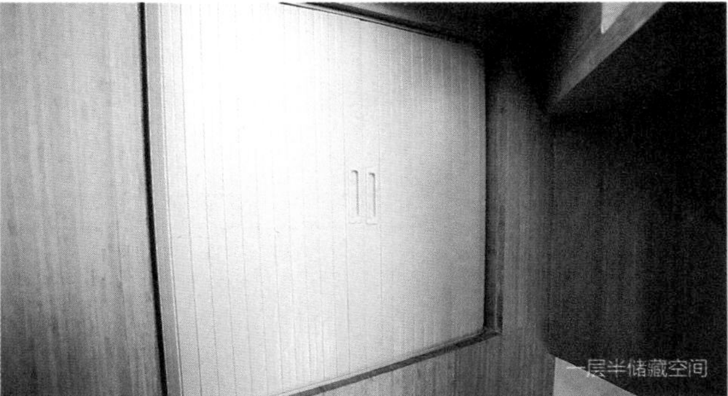

一层半储藏空间

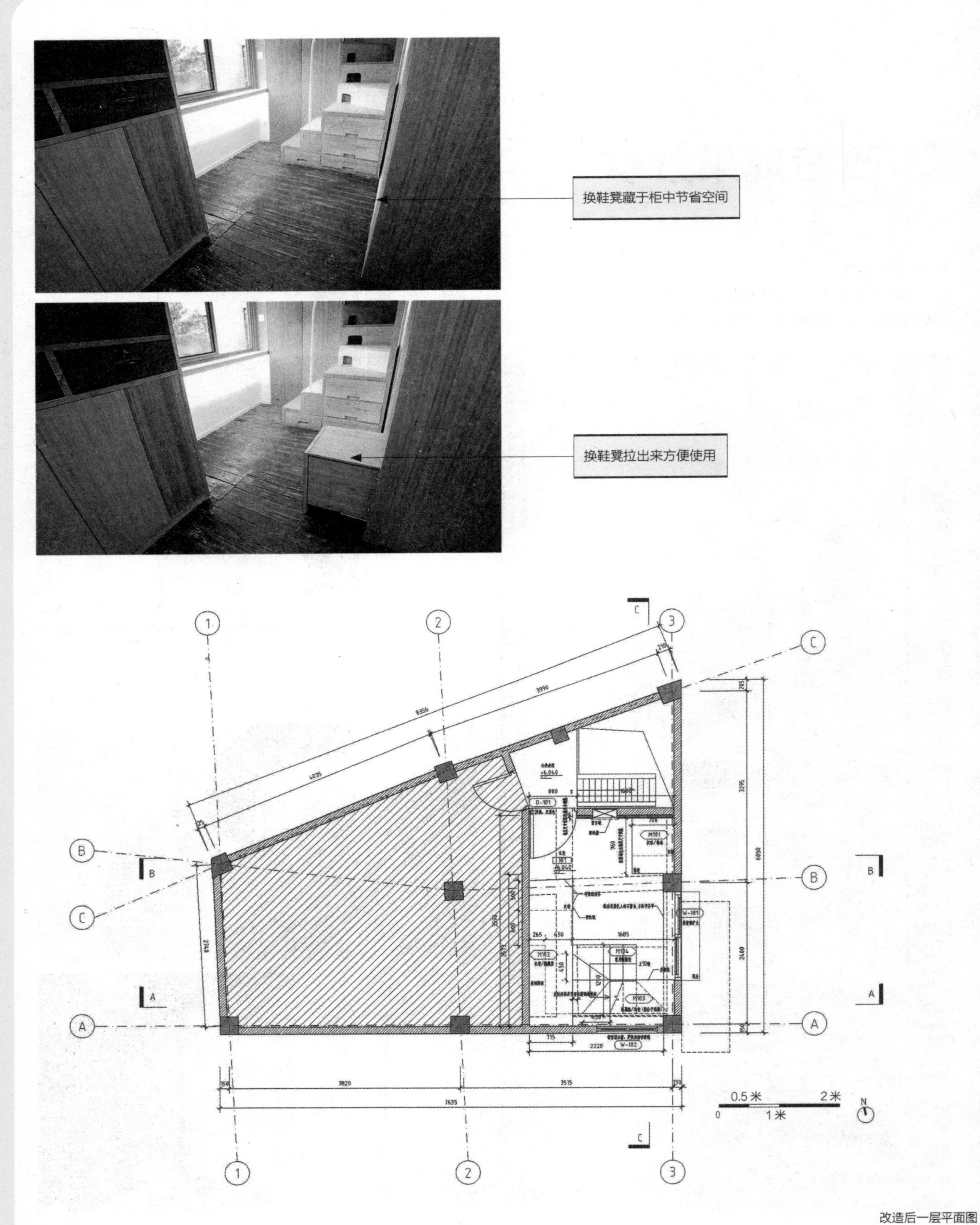

改造后一层平面图

2. 楼梯

改造后的楼梯材料采用的是竹胶板，楼梯侧面设有小洞，增加了楼梯踏面。所有楼梯的坡度不大于 45 度。

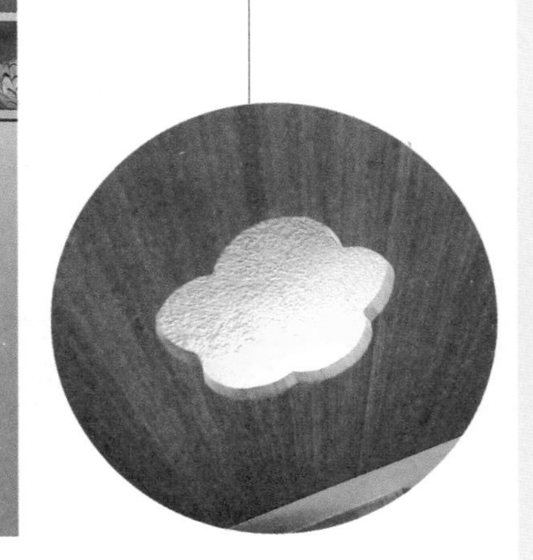

隐藏式小夜灯

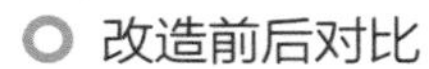

改造前后对比

设计师还准备了许多网，可以安装在楼梯扶手上，防止以后第四代小朋友出生后，上下楼时出现危险，同时网绳上还可以用小夹子夹住图片，方便小朋友认字或展示小朋友的作品

3. 二层

改造后的二层是钱先生家的厨房、餐厅和客厅。客厅和厨房是可分可合的设计，既不会让油污进入客厅，也保证了平时整个空间的宽敞。洗衣做饭都可以在二层完成，大大减轻了奶奶的负担。

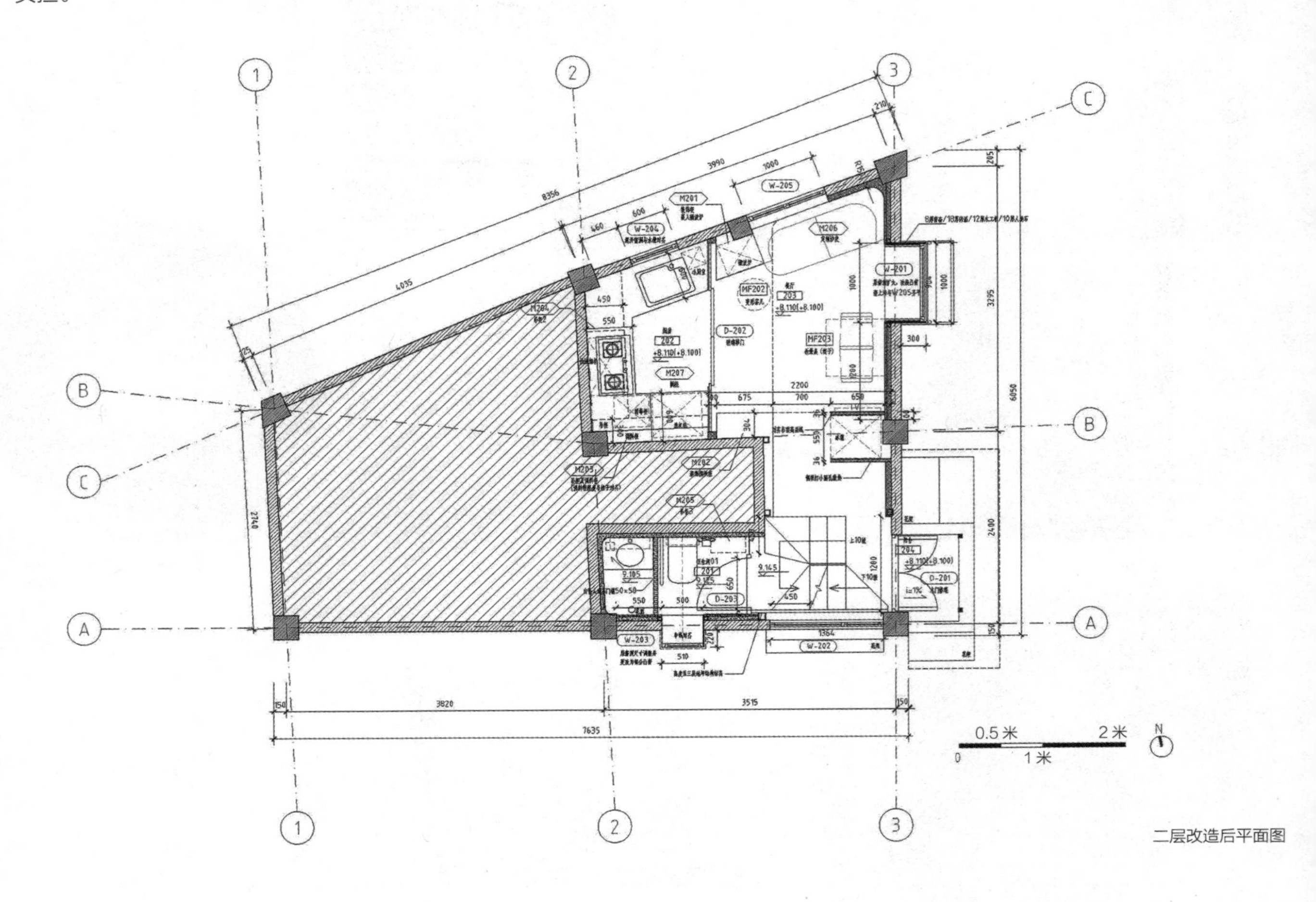

二层改造后平面图

客厅拐角处根据房屋形状，专门制作了一个沙发，沙发处与周围空间围合成了一个采光通风良好的起居空间。

考虑到室内空间有限，设计师还设计了许多可变家具。沙发旁边的茶几，是由六把椅子组装而成的，通过精确的计算巧妙地组装而成，既保证了实用性，又节省了空间。

墙边的桌子也是可变家具，最多可容纳八人就餐

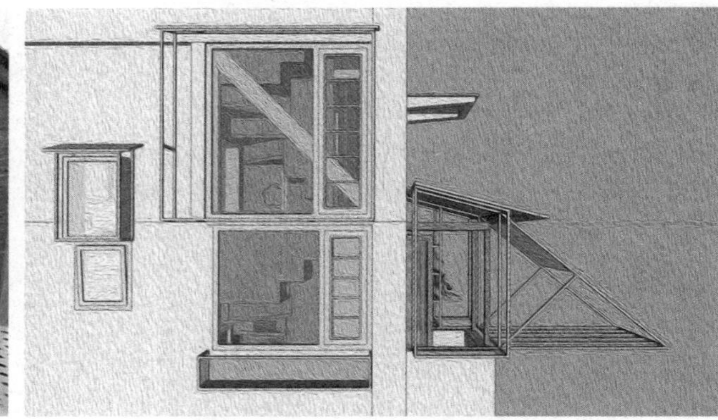

二层阳台设置了晾衣服的地方。做饭、洗衣、晾衣在同一层，动线更为合理

改造前后对比

客厅改造前

客厅改造后

改造后的阳台更加整洁，使用起来更加方便，竹胶板的材质更显健康环保。

阳台改造前

阳台改造后

改造前后对比

厨房改造前

厨房改造后

4. 二层半

改造后的二层半卫生间，位于爷爷奶奶的卧室和起居室中间，上下都只要半层就可以轻松到达，彻底解决了老人的卫浴问题。在卫生间里还设有老人专用的安全扶手，保障了老人上厕所的安全。

改造前后对比

改造前

改造后

5. 三层

三层是爷爷奶奶的卧室和工作间，工作间和卧室之间可分可合，既保证了空间的宽敞，也保证了卧室的私密。

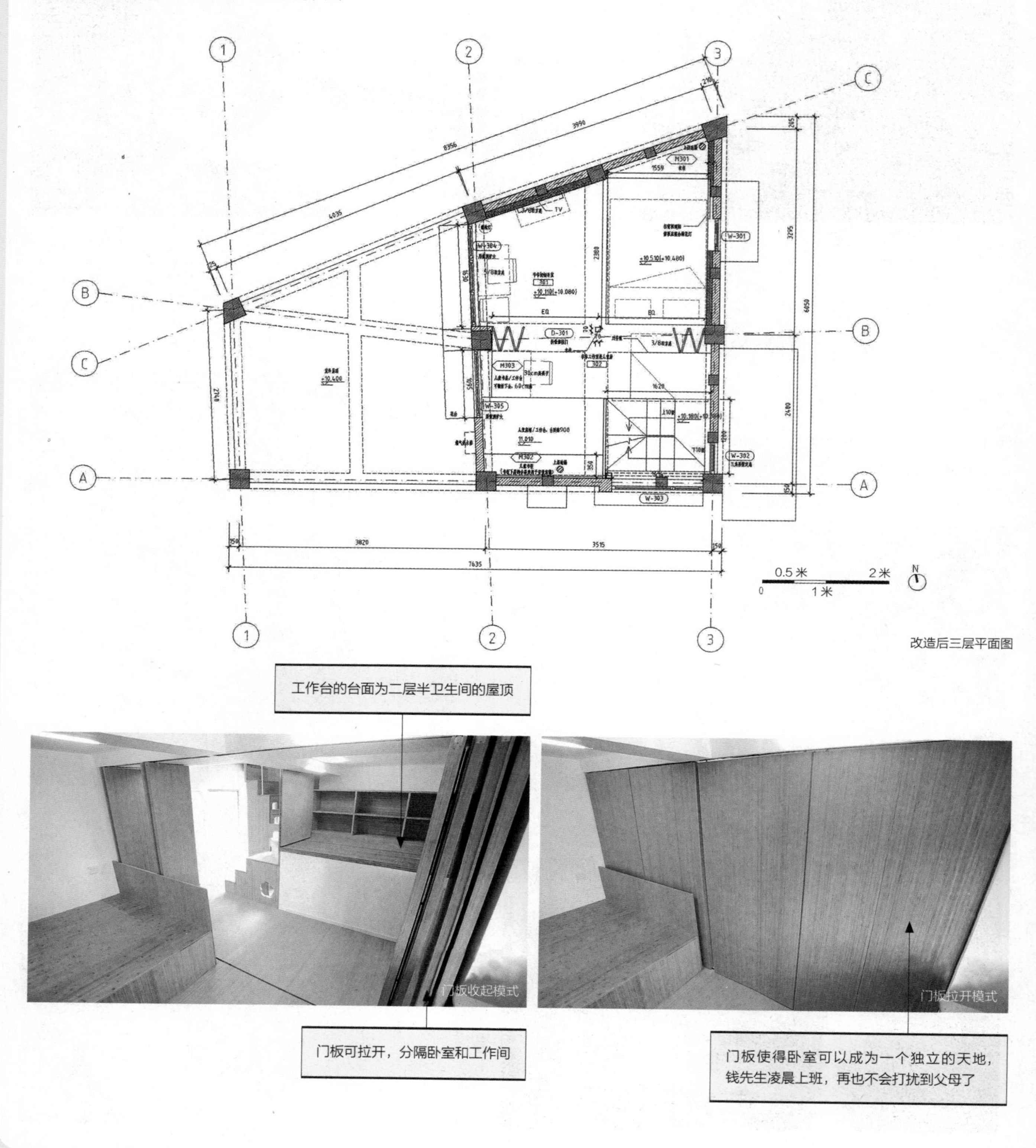

改造后三层平面图

爷爷的工作台

柜门为旧物利用

爷爷奶奶的卧室

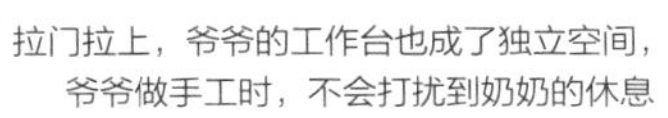
拉门拉上，爷爷的工作台也成了独立空间，爷爷做手工时，不会打扰到奶奶的休息

这个工作空间再过几年也可以作为第四代小朋友的卧室使用

改造前后对比

改造前

改造后

6. 四层

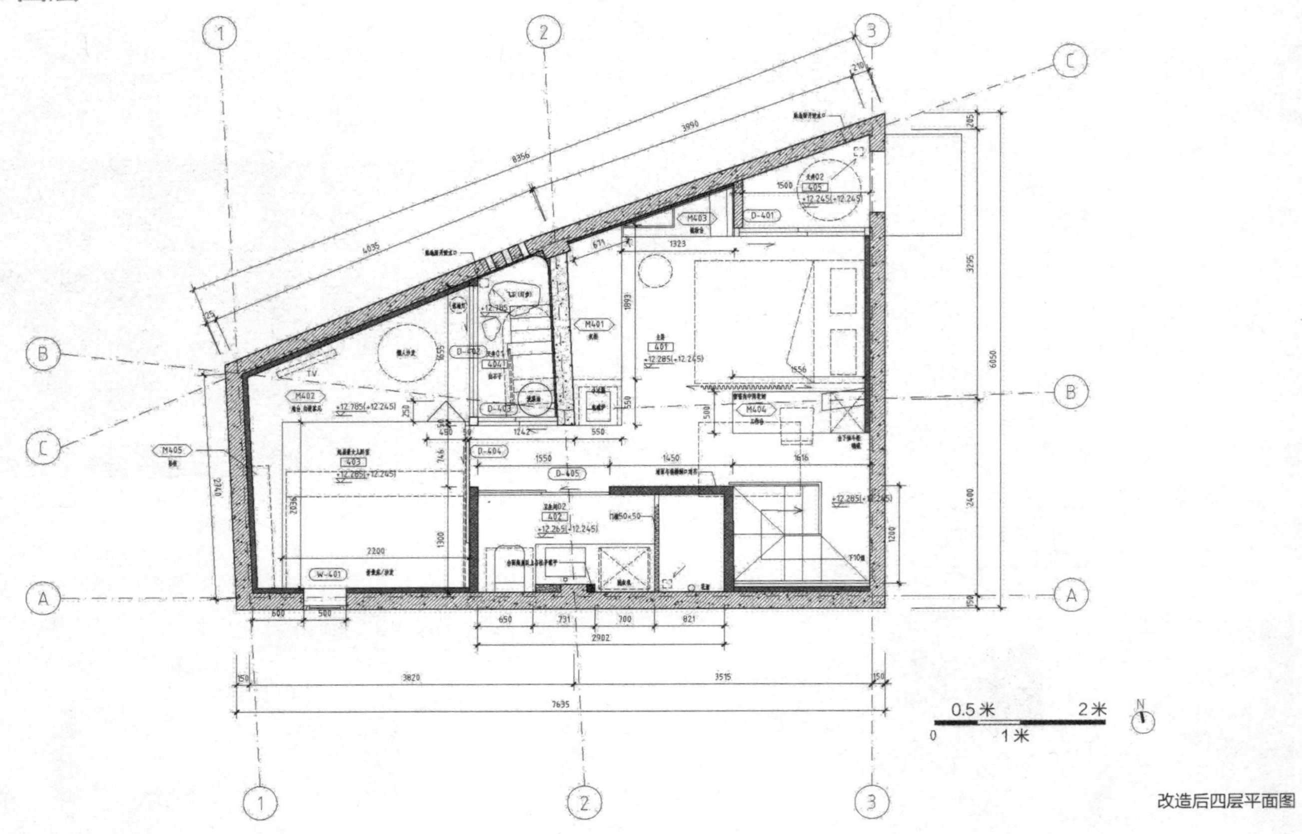

改造后四层平面图

卧室

白色、蓝色及原木色的使用，让整个空间显得清新自然。设计师还保留了两小段横梁，可以放置物品。原本的淋浴间改成了卧室，卧室旁边的天井及楼道房顶的老虎窗起到了采光通风的作用，整个卧室清新明亮。

飘帘可以拉上，保证卧室的私密性

钱先生夫妇卧室

改造前后对比

起居室

四楼原本的储物间，做成了起居室，也是女儿女婿回来住时的卧室，独立的空间让两对夫妇互不影响。

起居室外天井，可通往楼顶

起居室的地台巧妙地修正了原来空间内的斜角，而且这个地台还具有强大的收纳储物功能。在地台的一侧藏有一个茶几，平时可以抽出来使用，女儿回来时可以收纳到地台内，丝毫不占用空间。

隐藏收纳的茶几

改造前后对比

改造前

改造后

卫生间

四楼设置了一个设施齐备的卫生间，干湿分离的设计也大大节省了清理的时间。卫生间的上方保留了原来上天台的洞口，做成了天窗，使得整个卫浴空间特别明亮。

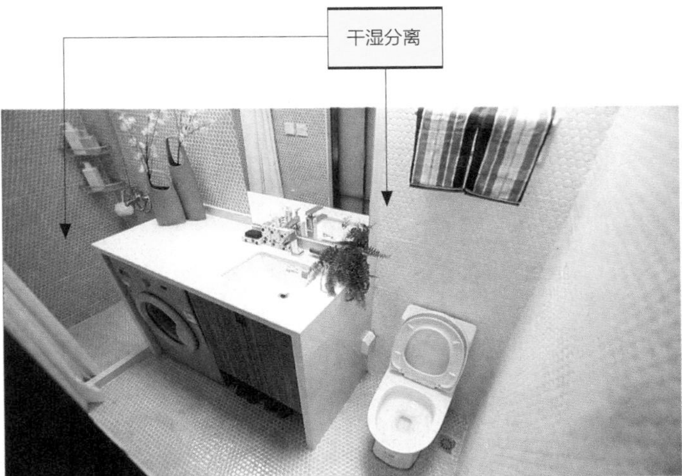

改造前后对比

改造前

改造后

7. 楼顶平台

设计师在屋顶平台铺上地板、安上护栏，把这里打造成了一个休闲平台。

改造前后对比

改造前

改造后

8. 室外楼梯

室外公共楼梯改造后，减缓了楼梯的坡度，方便了这栋楼里的居民上下楼。并设有小的平台，居民平时可以在这里喝茶聊天。

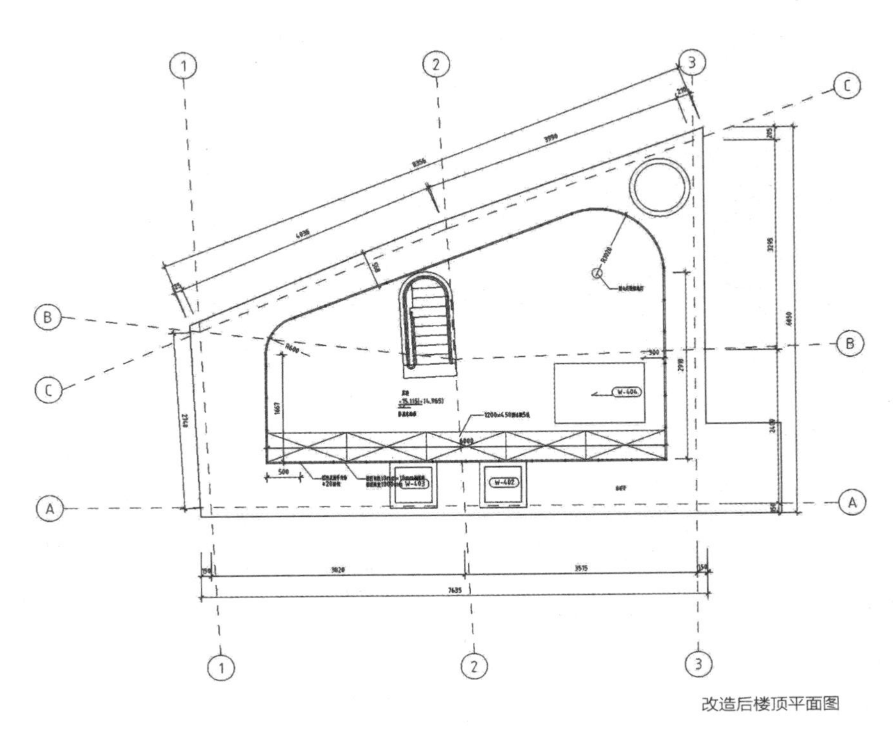

改造后楼顶平面图

设计师个人资料

柳亦春

上海大舍建筑设计事务所主持建筑师、创始合伙人；
同济大学建筑与城市规划学院和东南大学建筑学院客座教授。

他和事务所合伙人陈屹峰所主持的大舍的作品长期以来一直受到专业领域的持续关注，曾受邀参加法国蓬皮杜中心“当代中国建筑与艺术展”、威尼斯双年展“中国新锐建筑创作展”、深圳 · 香港城市 / 建筑双城双年展、米兰三年展等重要的国际性建筑展览。

获奖情况：
2010 年 获“远东建筑奖”；
2011 年 被美国《建筑实录》杂志评选为全球十佳“设计先锋”(Design Vanguard 2011)；
2011 年 获英国《建筑评论》杂志评选的 AR Awards for Emerging Architecture 奖。

一个家的面积可能是无法扩大的，但是利用建筑的方法，还是可以让人感知到室内空间感的变大，一个行之有效的方法就是向室外借空间。

柳亦春

山底之家

设计师挑战受困房型，“神借光”照亮山底之屋

○ 房屋情况

- 地点：重庆
- 房屋情况：房屋建在堡坎之下
- 业主情况：陈阿姨，67岁，患有阵发性脊髓肌痉挛症；陈阿姨的弟弟，63岁，智商只相当于六岁的孩子；陈阿姨的儿子，40岁
- 业主请求：改善屋内采光；儿子有自己的卧室；陈阿姨和她的弟弟身体都不好，要有及时的救护设施；陈阿姨的弟弟一个人在家时，要保证安全
- 设计师：谢柯

<table>
<tr><td colspan="3">改造总花费：21.2 万元</td></tr>
<tr><td rowspan="2">硬装花费</td><td>材料费：11.3 万元</td><td rowspan="2">18.4 万元</td></tr>
<tr><td>人工费：7.1 万元</td></tr>
<tr><td>软装花费</td><td colspan="2">2.8 万元</td></tr>
</table>

委托人陈阿姨的家，位于重庆平顶山脚下一座高层建筑的三层。建筑依山而建，用重庆话来说，“业主一家是住在堡坎下”。房子朝南方向是一个暗天井，没有光线可以进来，唯一的采光方向是面对着堡坎的窗户，所以整个房屋的采光特别不好，陈阿姨进门第一件事就是开灯，而且室内光线过暗，很不适合人居住。业主家是总面积 65 平方米的两室一厅，陈阿姨和弟弟一人一间卧室，儿子只能住在客厅，个人的私密性得不到保障。

老屋状况说明

1. 室内光线太暗

业主房子的最大问题就是暗，虽然是在三层，但是房屋朝南方向正对着一个暗天井，完全没有采光，家里唯一的采光面就是那个面对堡坎的窗户。

二舅的房间窗户外就是暗天井

平时二舅屋内的光线

平时客厅采光

经设计师勘察，确定造成陈阿姨家室内采光差的原因主要有三个：

（1）屋后的堡坎挡住了光线的进入

（2）阳台顶部的雨棚透光性特别差，影响光线射入

（3）陈阿姨家的绿色玻璃透光性不强，造成室内光线昏暗

2. 厨房布局不规范，操作流程混乱

厨房的台子太低，厨房的整个操作流程都很乱，从灶台到切菜的地方，再到洗菜盆，布局都很混乱，缺少梳理。

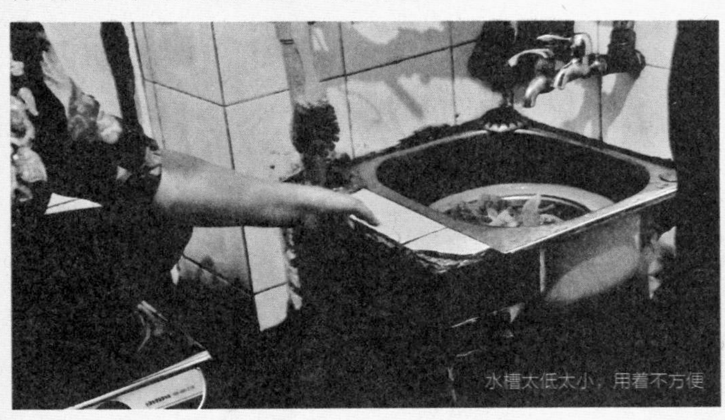
水槽太低太小，用着不方便

3. 蹲厕卫生间，老人使用不便

陈阿姨家的厕所是蹲厕，陈阿姨使用的时候，需要加一把凳子在上面，很不方便。另外陈家的洗衣机排水，直接排到卫生间的地面上，造成地面湿滑，家有老人，有很大的安全隐患。

4. 卧室空间缺少

陈阿姨家的三个成员都需要独立的卧室，但两室一厅的格局，只能让两个人住在卧室里，无奈之下，儿子只能睡在客厅的沙发上。因为老年人起夜比较多，陈阿姨和二舅经常要经过客厅去卫生间，长期下来，陈阿姨的儿子落下了神经衰弱的毛病，晚上睡觉容易惊醒。而且，长期睡在客厅这样敞开式的空间里，完全没有个人的私密性。

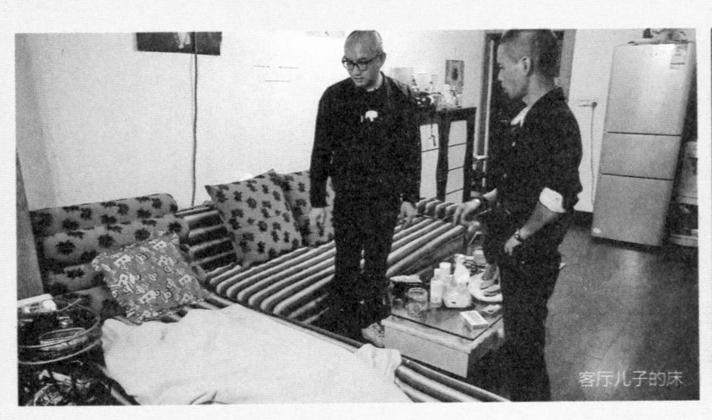
客厅儿子的床

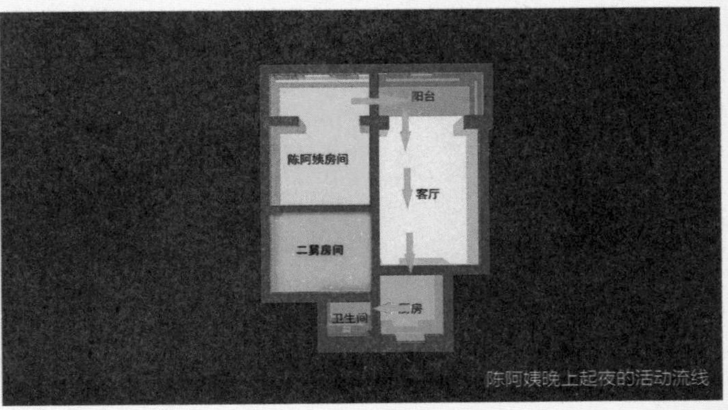

陈阿姨晚上起夜的活动流线

老房体检报告

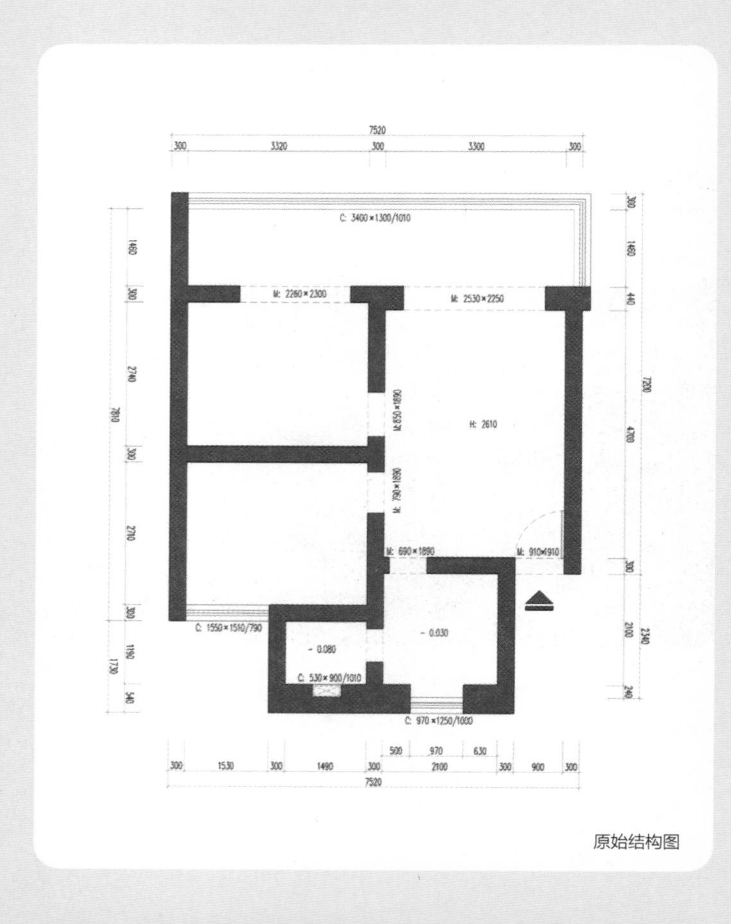

原始结构图

困扰业主的主要问题

问题	程度	说明
采光不足	●●●●●	整个房间只有南北向两面窗户，南面窗户面对暗天井，完全没有采光。背面窗户外是堡坎，挡住了大部分的采光，导致室内光线非常暗，白天也必须开灯照明。
居住空间不足	●●●●●	陈阿姨的儿子已经 40 岁了，但由于卧室让给了妈妈和舅舅，他只能睡在客厅的沙发上，毫无私密性可言。而且由于家里两位老人经常起夜要经过客厅，造成了陈阿姨的儿子神经衰弱的毛病。
卫生间使用不便	●●●●○	蹲厕的卫生间，对于有老人的家庭来说，有很大的不便。且家里的洗衣机排水，直接排到卫生间地面上，造成地面湿滑，形成安全隐患。
厨房动线规划混乱	●●●○○	洗菜、切菜、炒菜的台面规划混乱，需要来回走动，场面混乱。

业主希望解决的问题

① 改善采光。
② 增加卧室。
③ 改善卫生间。
④ 改进厨房。
⑤ 增加安全防控设施。
⑥ 使用实木家具。
⑦ 能及时监测病人情况，方便照顾。

沟通与协调

沟通后设计师的建议

1. 改造房型布局，增加卧室空间

在设计师最初的改造方案中，客厅保持不变。原来厨房的位置改造成儿子的卧室，里面的小卫生间供儿子单独使用，再也不会发生老人上厕所影响儿子休息的情况了。二舅房间的窗户被整体扩大，与陈阿姨房间之间的隔墙整体向北移动，用这个空间分隔出一个新的卫生间和 L 形的厨房。两个空间的房门均开向客厅。陈阿姨房间和阳台之间的隔墙被整体拆除，这个空间被一分为二，分别作为陈阿姨和二舅的房间。阳台部分仅留出一个 90 厘米宽的通道，确保两个房间有良好的舒适使用性。两个单人房均选用渐变的玻璃移门，既保证了通风采光，又保证了相对隐私。

不料这个看似令人惊叹的方案，在现场拆除时，就被全盘推翻了。原来整幢大楼都使用了钢筋混凝土结构，就连门框上方也不例外，如果按照设计师的三室两厅两卫的方案改动结构，即使做了加固，也会影响整栋楼的安全。所有的结构都不能动，改造方案遇到瓶颈。

但令人高兴的是，随着拆除工作的进行，工人们发现拆除一个壁橱后，露出了一个完整的门洞通往陈阿姨房间，原来，陈家在当初入住时，自行把这个门洞封掉了，改为从阳台出入卧室。

这个新发现的门洞，为解决房间布局打开了思路。设计师的新规划为：陈阿姨的房间保持不变；考虑到她的儿子白天在外上班，只有晚上回家，设计师把陈阿姨儿子的房间安排在原来相当安静，但采光不佳的二舅房间；二舅的卧室则设置在通风采光条件最好的阳台区域。这样根据每个人的生活习惯，重新分配的新格局使得家里的三个人都拥有了自己独立的私密空间。

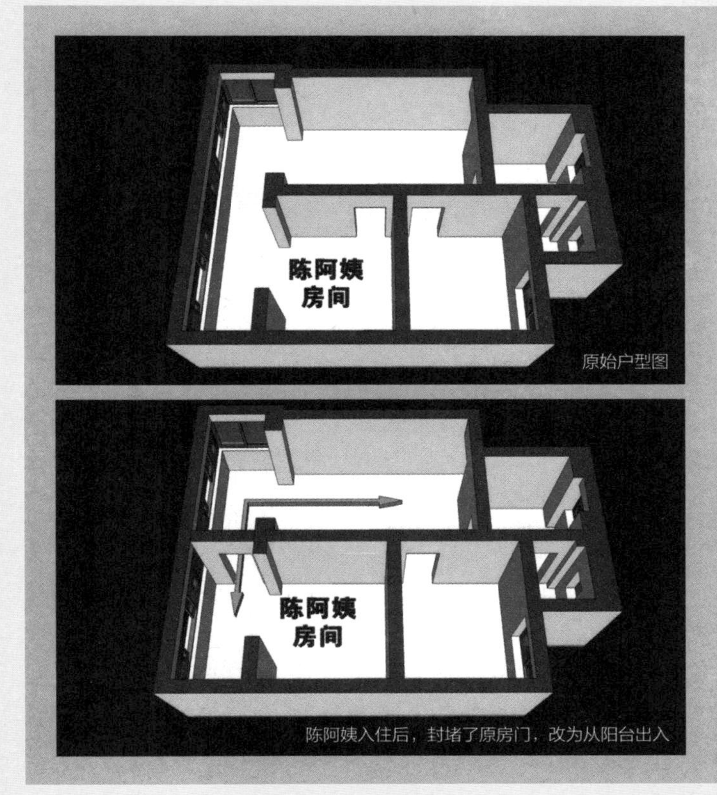

原始户型图

陈阿姨入住后，封堵了原房门，改为从阳台出入

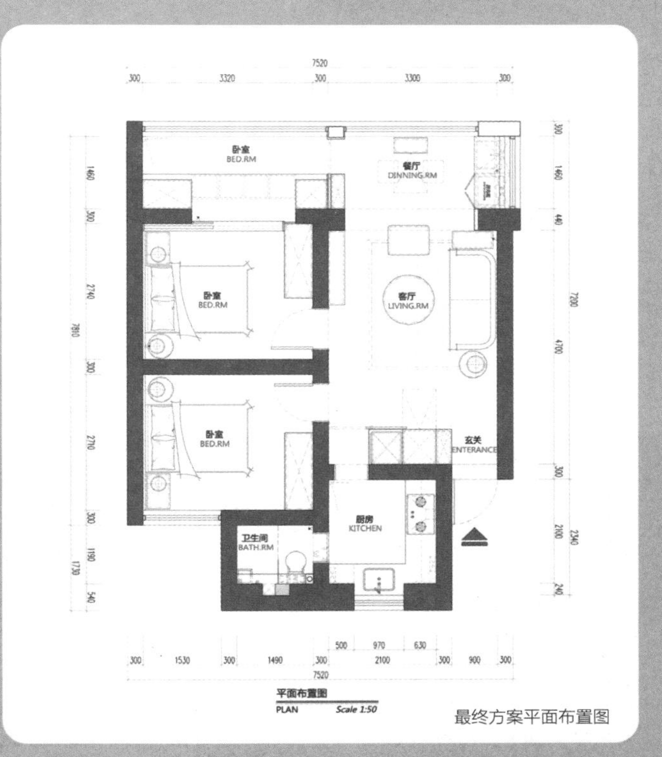

最终方案平面布置图

2. 改善采光

影响室内采光的三大元凶分别是：不透光的雨棚、绿色的窗户和窗外的堡坎。设计师首先拆除了易于解决的雨棚和窗户，室内的采光一下子改善了不少。

拆除过程

拆除过程

拆除后室内采光

拆除后阳台采光

陈家的窗户距离堡坎只有 2.7 米，距离堡坎上方有 4 米的落差。在户外形成一个 U 形的结构，住在三层的陈家如同住在地下负二层。为了解决采光问题，只能在堡坎对面再造一个反光面，利用漫反射的原理把光线引入室内。

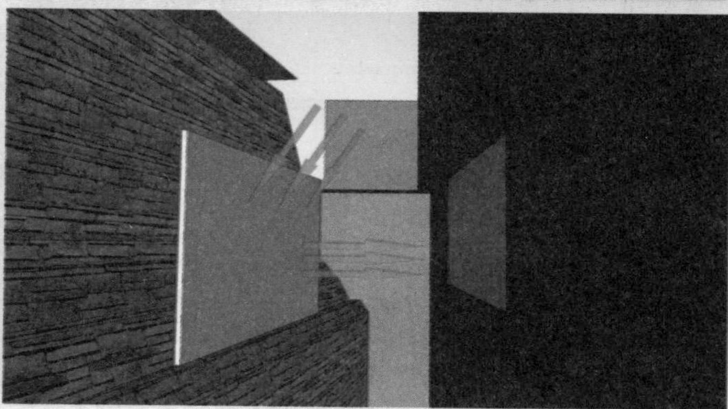

为了选择反射的材料，设计师可谓煞费苦心，设计团队先后提出了使用银镜、乳胶漆、石英砂、防腐木等方案，都不是很理想。经过反复寻找和实验，最终选定的材料是竹子。把经过防腐处理的竹竿涂上反光油，再精心编织成竹栅栏立于堡坎之上，光线经过竹栅栏反射入室，非常明亮，很好地解决了山底房间的采光问题。

3. 解决室内潮湿问题

因为湿度是下沉的，陈阿姨的房子虽然在三层，但因为堡坎的原因，实际上相当于负二层，湿度很大。而且陈阿姨家室内通风不畅，更使得室内比堡坎底部还要潮湿。要解决潮湿问题，通风是关键。为此设计师采用了一系列措施：首先把原来无法打开的阳台窗户，改成均可滑动开启的窗户；把以前厨房的平开门，改为滑门，不做饭的时候，门就一直敞开；在陈阿姨卧室和二舅卧室之间的墙上，增加了一个大面积的移窗，通过门和移窗，实现了空气流通。

空气流通示意图

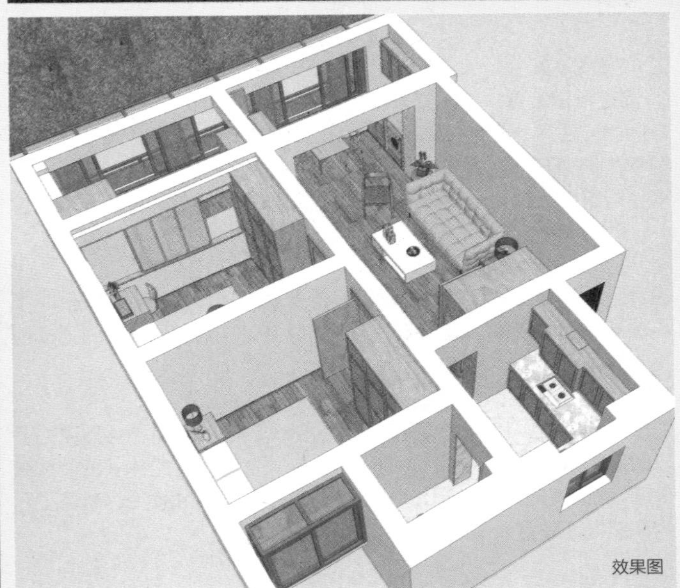
效果图

由于陈阿姨之前提出希望使用实木家具，如何解决家具的防潮问题，设计师还要从原材料上下功夫。木制品最不容易开裂变形的含水率叫平衡含水率，木材平衡含水率受大气湿度的影响，因地区而不同。经过对比，设计师选择了含水率是 12%左右，价格、纹理色彩都很合适的橡木来作为陈阿姨家的家具材料，它是很好的防潮木材。

橡木

小贴士

南北木材平衡含水率

地区	平衡含水率
华北	11.7%
华南	15.6%
华东	15.1%
西北	12.2%
西南	13.1%

4. 智能家居解决两位病人的照顾问题

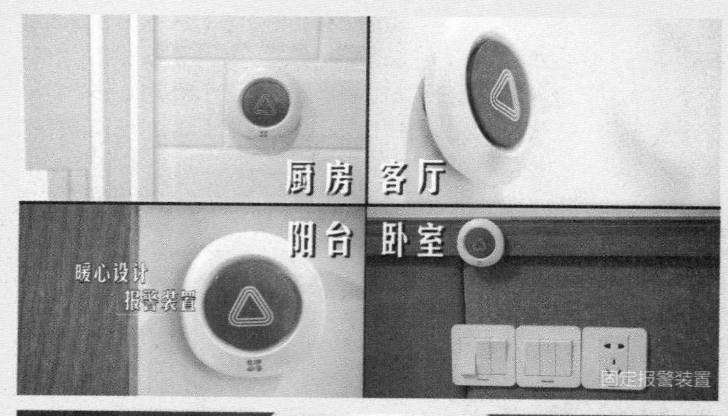

随着二舅年龄越来越大，越来越容易外出走丢，陈阿姨本身也是个病人，这次房屋改造，怎样来解决看顾二舅，并照顾两个病人的难题呢？智能家居是个很好的选择。千里之外就可以控制家里的电器，监控室内情况等，但是价格昂贵，远远超出陈阿姨家的承受能力。为此设计师查找了许多资料，进行了多次的讨论，最终还是把这个问题解决了，并且把费用严格地控制在了 1500 元以内。

这些设施包括：

（1）远程监控系统

在客厅、厨房和二舅卧室里面，各安装了一个监控器，陈阿姨和儿子通过手机就可以看到家里面的状况。

（2）报警装置

① 固定报警装置。

在厨房、客厅、阳台及陈阿姨的卧室，安装有四个报警器装置。陈阿姨患有阵发性脊髓肌痉挛症，发作起来全身不能动，呼吸困难，有了报警器，她可以在第一时间发出警报，呼叫弟弟和儿子来帮忙。

② 便携式报警装置。

设计师为陈阿姨和二舅各自配备了便携式报警装置，如果发病时不能按下墙上的警铃，可以按下这个随身携带的报警器，及时通知他人帮忙。

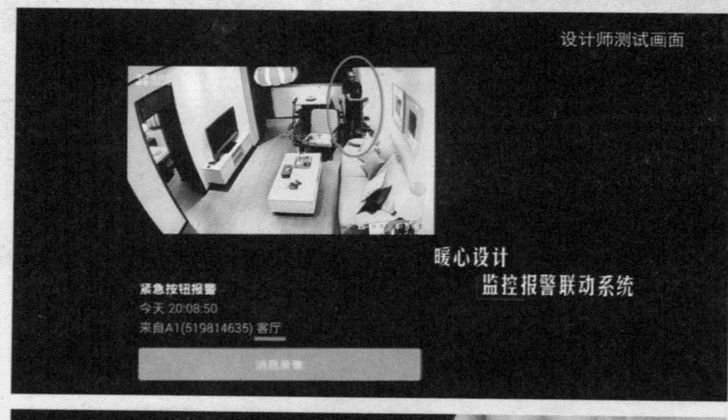

同时报警器可以和监控系统联动，按动警铃的瞬间监控会自动拍下当时室内的照片发到联系人的手机上。这样陈阿姨的儿子即使身在外面，也可以很快分辨出是真险情，还是有人误触警铃，避免了因为误按报警装置造成的恐慌。

5.GPS 全球定位通话手表

由于二舅智商只相当于 6 岁的小孩儿，经常自己走出去，每次陈阿姨都要花很长时间去寻找。现在设计师为二舅佩戴了一块 GPS 全球定位通话手表，既可以通话，也可以准确定位二舅的地理位置，防止他走失。

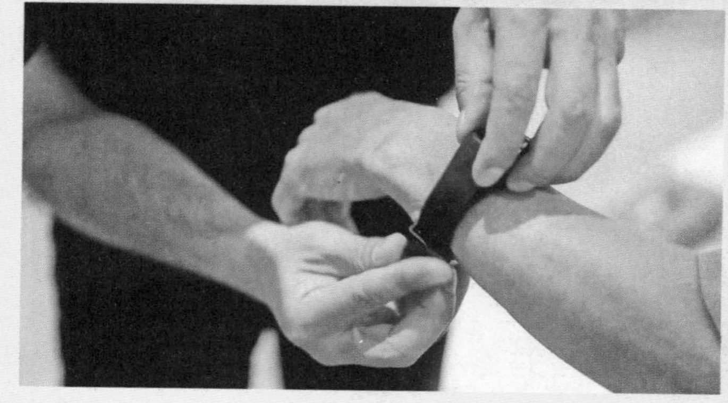

6. 煤气泄漏自动切断阀

外出旅游一直是陈阿姨的心愿，但是她一直担心二舅自己在家会忘记关水、关煤气，所以设计师特意在她家里设置了一套自动检测安全系统。设计师在煤气表里安装了煤气泄露自动切断阀。通过探头感应，如果煤气泄露到达一定量，阀门就会自动切断。

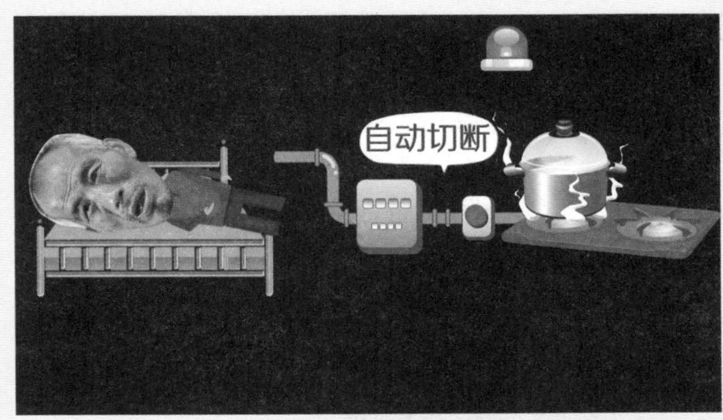

7. 漏水保护器

水表处安装了一个漏水保护器，如果单次水龙头连续供水达到 170 升，它就会自动切断。经过测算，家里用水量最大的时候是淋浴，一般单次用水在 70~80 升，因此在 170 升的时候切断用水，不会影响到正常的使用。

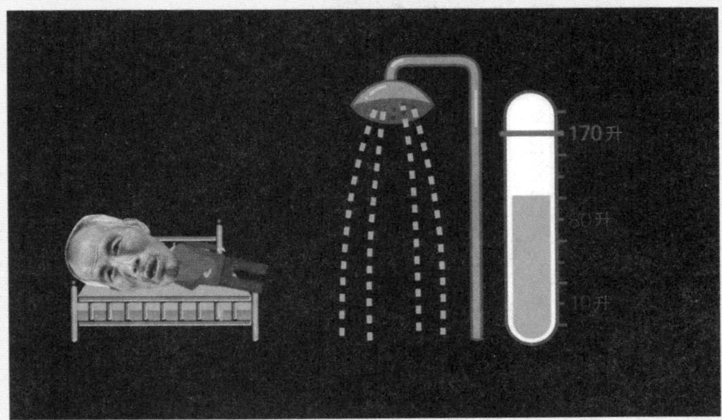

改造成果分享

1. 客厅

白色、橡木色交相呼应，组成了房间的主色调。客厅的墙壁采用了大面积留白，最大限度地保证了房间内的采光效果。

可扩展餐桌

扩展移动式餐桌

进门处的壁橱里，隐藏了一个移动式餐桌，可容纳三到四人用餐。因为靠近厨房，设计师建议只有自家人的时候，就在这里吃饭。平时不用的时候将餐桌收起来，减少了空间的浪费。

餐桌扩展示意

固定输液吊钩

因为二舅经常需要紧急输液，以前陈阿姨用一个移动衣架来悬挂输液瓶。此次改造中，设计师在客厅的墙上设置了固定的挂钩，方便了陈阿姨的使用。

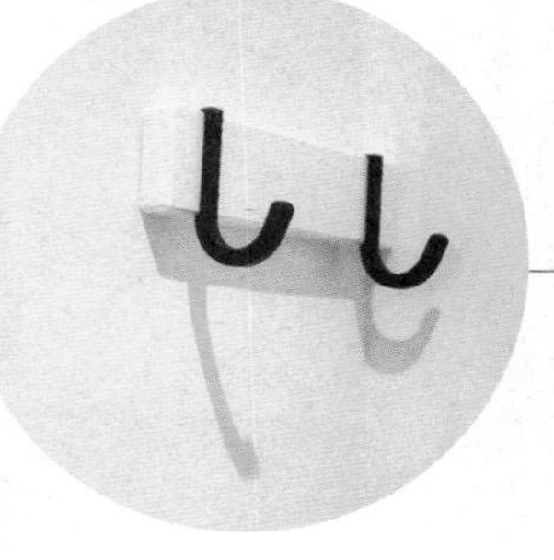

改造前后对比

改造前

改造后

2. 阳台

阳台上的雨棚和窗户全部拆除，换成了透光性较好的全透明玻璃。阳台还可以作为另外一个用餐的地方，如果陈阿姨家客人比较多，就可以在阳台用餐。

阳台

可扩展餐桌

阳台的餐桌也是可以扩展的，有客人来的时候，可以在这里就餐，可容纳六到八人。

在阳台位置，设计师安装了上下水系统，把洗衣机移到了阳台，还设置了一个隐藏式洗手台，家里来客人时可以使用。上方、下方都搭配了储物空间，再也不会影响房间的动线。

可隐藏式洗手台

窗外原本又脏又黑的堡坎被改成了整面竹墙，通过竹子的漫反射，把阳光引入室内，同时又在竹墙上开洞留白，保证了竹墙与原来自然环境的和谐统一。同时设计师还承诺十年的保修期，在十年内，如果竹墙有损坏，他们都会来修理和更换。

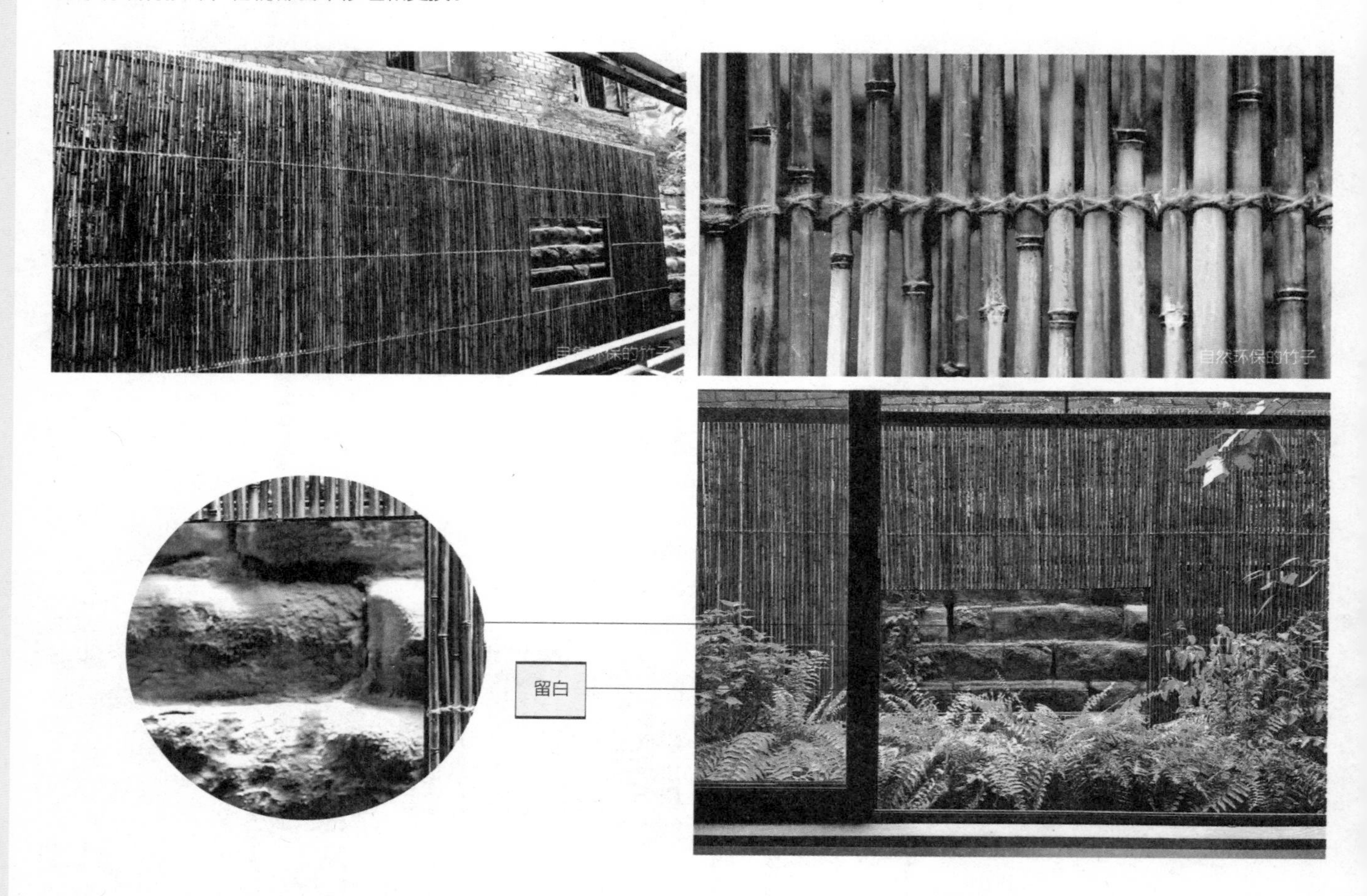

改造前后对比

3. 二舅房间

陈阿姨以前的房间被一分为二，阳台部分作为二舅的房间，充分保证了他最需要的采光、通风，在床下和两侧也预留了大量的储物空间。

陈阿姨的母亲留下来的旧箱子，里面有陈阿姨和二舅的儿时回忆

4. 陈阿姨房间

与二舅房间一墙之隔的是陈阿姨的房间。两个房间采用不透明的移窗隔断，白天可以打开加强通风采光，陈阿姨也可以通过窗口时刻关注二舅的情况。晚上移窗可合上，保证了两个人的相对隐私。

移窗隔断使两人隐私得到保障

打开移窗可以观察到二舅这边的状况

老人房间的衣柜都由两种木材组合而成，与衣物接触的部分采用香樟木，使用自然的方法防霉防虫，也控制了成本。

两种不同的木材（橡木、香樟木）

5. 陈阿姨儿子房间

二舅以前的房间被改为陈阿姨儿子的卧室，陈阿姨的儿子终于有了自己独立的房间，再也不用过没有一点儿个人隐私的生活了。

改造前后对比

改造前

改造后

6. 厨房

厨房的门被彻底打开，改为滑门设计。

改造前后对比

小面包砖的设计搭配原木色橱柜使得整个房间显得宽敞明亮

7. 卫生间

只有 1.5 平方米的厕所内增加了挂壁式马桶，同时采用小马赛克作为淋浴房的地面，既防滑，又提高排水效率。

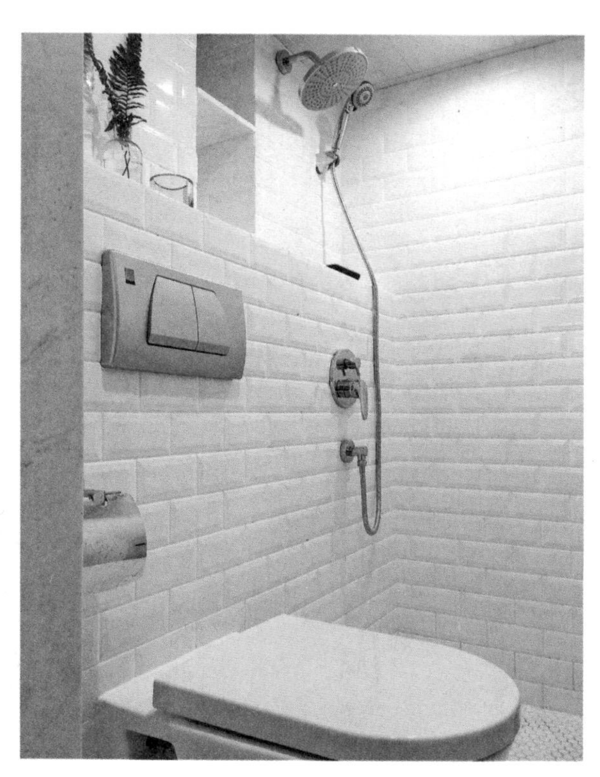

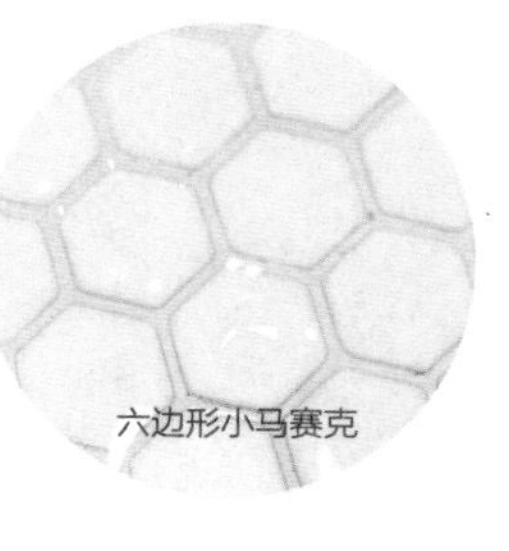

六边形小马赛克

挂壁式马桶

设计师个人资料

谢柯

尚壹扬设计合伙人、设计总监；
1968 年生于重庆；
1994 年毕业于四川美术学院，油画专业；
喜欢用建筑的手法做空间，空间做好了，具体到造型和形式就显得不太重要了。

给家一个最基本的状态，同时赋予其美感。关注被忽视的大众，希望自己的作品是有温度的。

谢柯

水塔之家

90 岁老人难不倒设计师，39 平方米水塔房变空中别墅

○ 房屋情况

- 地点：上海
- 房屋情况：由水塔改成的住宅，三层一共 39 平方米，房龄不详
- 业主情况：任先生夫妇，将来同住的还有儿子、儿媳、小孙女及任先生 90 岁的岳母
- 业主请求：床要能储物，厨房移到楼上，活动楼梯要固定下来，有养花的地方，要有圆台面，增加卧室空间，增加卫生间
- 设计师：俞挺

<table>
<tr><th colspan="3">改造总花费：33.9 万元</th></tr>
<tr><td rowspan="5">硬装花费</td><td>材料费：11.9 万元</td><td rowspan="5">31.5 万元</td></tr>
<tr><td>钢结构：5.4 万元</td></tr>
<tr><td>人工费：8.5 万元</td></tr>
<tr><td>垃圾清运费：2.2 万元</td></tr>
<tr><td>脚手架搭建拆除费：3.5 万元</td></tr>
<tr><td>软装花费</td><td colspan="2">2.4 万元</td></tr>
</table>

委托人任先生和老伴儿，住在上海金陵东路一座水塔的顶部。由于房屋为水塔改建而成，有着单层面积小、层高高的特点，任家使用面积为 39 平方米的房子被硬生生地分成了三个层面，这让委托人即使在自己家也要不停地上上下下。由于水塔的楼梯相比住宅楼梯又高又陡，对于 60 岁的任先生和他 57 岁的老伴儿来说，很是不便。

因为孙女的户口在任先生家，孩子马上要上幼儿园，儿子一家三口要搬来这边居住，为了解决全家的居住问题，任先生决定改造这个水塔中的家。就在设计师画好了图纸、规划好了所有房间时，又出现了一个小插曲：任先生的岳母生病住院了，任先生的老伴儿提出，为了方便照顾老母亲，老人出院后，要把她接到自己家来照顾。这样任家的居住人口要达到四代六个人，对设计师来说，是个不小的挑战。

改造前 建筑外环境

老屋状况说明

1. 面积小

任先生家住在水塔的四楼，一共 39 平方米，被分为了三层。虽然有三层，但是位于一层的厨房也仅是一个面积为 1.5 平方米的与楼梯相连的楼梯间。二层是起居室，楼梯间兼做卫生间，面积 21.4 平方米。三层是卧室、杂物间、阳台，面积 16.1 平方米。

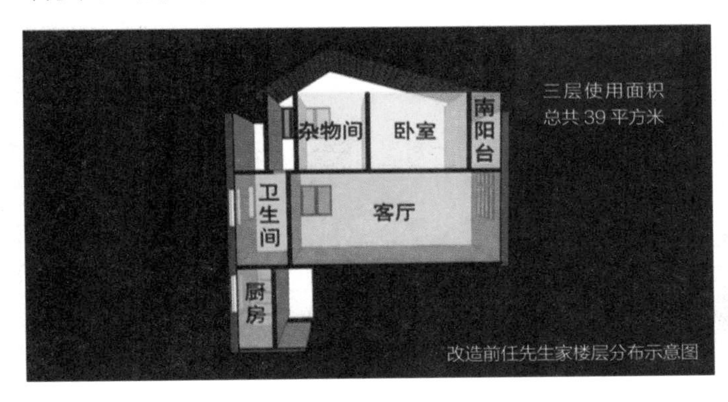

改造前任先生家楼层分布示意图

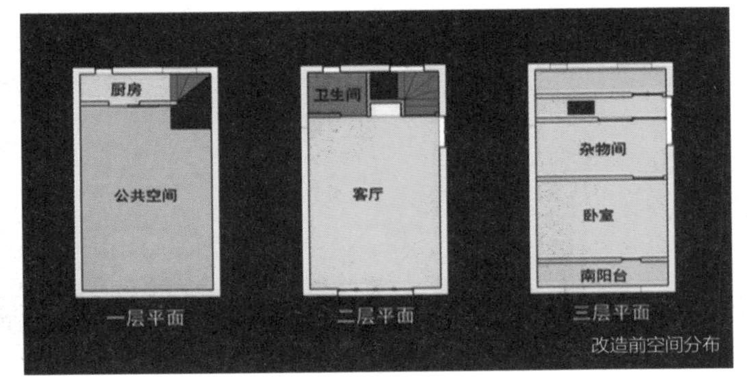

改造前空间分布

2. 楼梯又高又陡

通常住宅的台阶高度为 17 厘米，坡度不超过 45 度，而任先生所住的水塔房，楼梯台阶高度为 21 厘米，坡度 50 度，宽度只有 70 厘米，且水塔房每层的高度是普通住宅的 1.5 倍，所以上下楼非常累。在这里上楼，每走一步相当于其他楼房的 1.5 步，如果再手提重物的话，上楼非常困难。

又陡又窄的公共楼梯

21 厘米的楼梯高度

3. 任家一层，狭小不堪

任家一层只有 1.5 平方米，楼梯间兼做厨房。从厨房到客厅，还要上几级又陡又滑的台阶，台阶没有扶手，借用老旧的水管当扶手，有安全隐患。台阶上面进入客厅的位置，还有一个向外开的门，经常出现任先生端了菜要进屋、老伴儿一开门碰到他头的情况。

1.5 平方米的厨房

从厨房到客厅需上下楼梯

厨房通往二楼，有一扇向外开的门，任先生端菜进屋的时候，经常被撞到

4. 二层，楼梯间兼做卫生间

二层面积为 21.4 平方米，有一间起居室和一间楼梯间。任家二层通往三层的楼梯间还是卫生间。裸露的马桶，根本毫无隐私可言，看着就让人觉得尴尬。只有任家老两口生活时还无所谓，但儿子一家三口搬来后，肯定无法使用。

起居室

楼梯间兼卫生间

楼梯间兼做卫生间

裸露的马桶

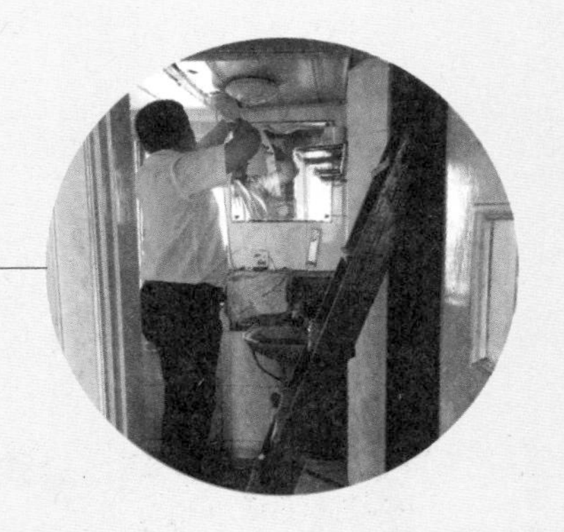

楼梯间里，除了马桶的设置让人惊讶外，上楼方式也很让人震惊，通往三层的楼梯就是这架接近70度的木梯。对于上有90岁老奶奶、下有3岁小孙女的任家，这样的上楼方式实在是非常危险。

5. 储藏隔层，利用率低

在二层和三层之间有个储藏隔层，隔层门口正好在楼梯间上方，净高0.6米，空间不小，不过由于位置尴尬，利用率并不高。由于通风不畅，里面潮湿发霉现象严重。

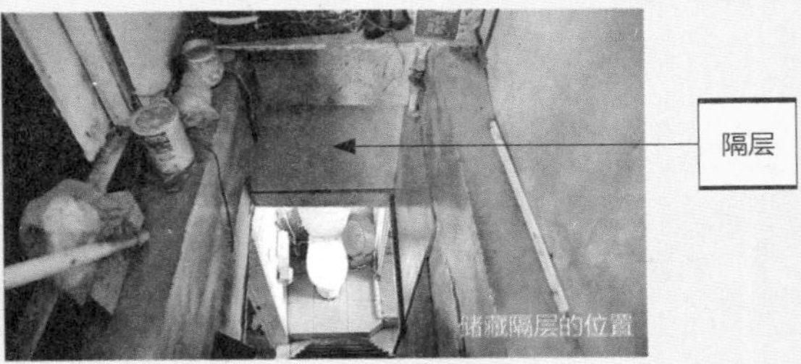

储藏隔层的位置

6. 三层，闷热潮湿、漏水严重

三层16.1平方米，包含了卧室、杂物间、阳台等空间，由于屋顶排水不畅，导致屋内漏水严重，屋顶发霉。由于这里是水塔的顶楼，屋内温度也很高。

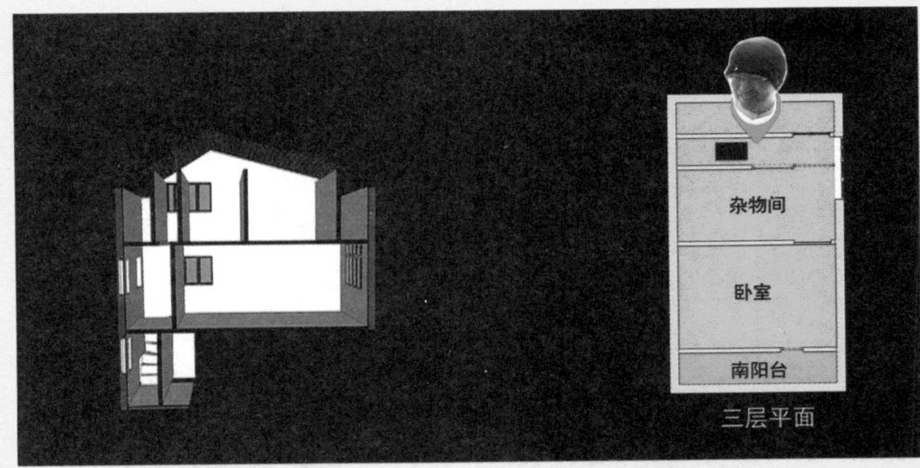

三层平面

杂物间以前是儿子的卧室

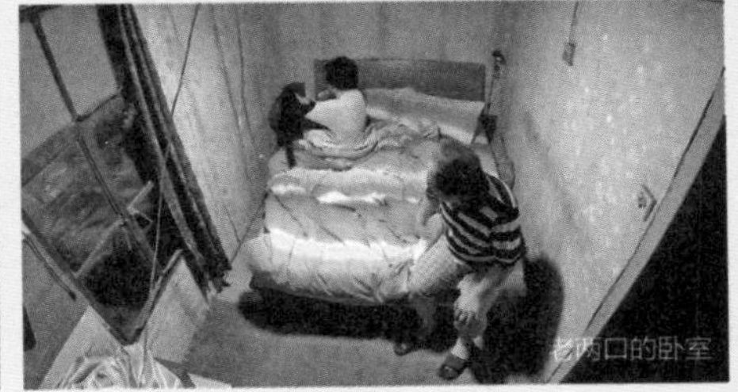

老两口的卧室

喜欢养花的任先生在阳台外养了很多花草，但是出入阳台需要跨过很高的窗户，很不方便。

进入阳台要从窗户中钻出

老房体检报告

困扰业主的主要问题

问题	程度	说明
卧室空间少	●●●●●	以后将是四代六口人一起居住，现有的房子只有一间卧室，远远不能达到要求。
卫生间无隐私	●●●●●	楼梯间也是卫生间，隐私得不到保障。
楼梯太陡	●●●●●	从楼下到四楼，公共楼梯又高又陡。自己家从一层到二层也是又窄又陡的楼梯，二层到三层的楼梯是一架没有固定住的木梯，非常陡。
通风采光不好	●●●●○	狭小的空间通风采光不畅，屋内闷热，厨房油烟也排不出去。
储物空间少	●●●●○	二层与三层间的隔层潮湿，利用率不高，三层以前儿子的卧室被当成了储物间，影响空间的使用。
楼顶排水不畅	●●●○○	三层的楼顶排水不畅，导致屋内漏水，墙壁受到腐蚀。

业主希望解决的问题

① 至少要有四个卧室，解决四代人同住的问题。
② 有方便使用的厨卫空间。
③ 方便储物、收纳。
④ 解决上下楼不便的问题。
⑤ 有弹古筝的地方。
⑥ 有家庭影院。
⑦ 有养花的地方。
⑧ 有老两口听音乐、跳舞的空间。
⑨ 有大圆桌。

改造过程

1. 重新划分空间，满足居住需求

房子的层高比一般的住宅要高，设计师利用它的层高，在高度上重新划分了空间。在保证结构安全的情况下，施工人员打穿了部分楼板，降低了部分楼板的高度，把一个两层空间变成了错层空间，将房子打造成了三室一厅两卫的格局。

打穿楼板，把一个两层空间变成了错层空间

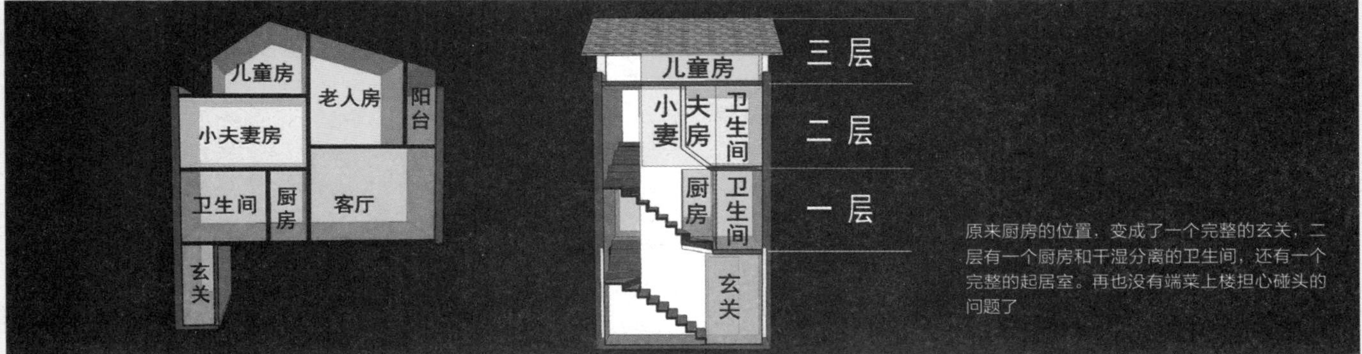

原来厨房的位置，变成了一个完整的玄关，二层有一个厨房和干湿分离的卫生间，还有一个完整的起居室。再也没有端菜上楼担心碰头的问题了

2. 安装卷扬机，解决提重物上下楼问题

任先生家在四楼，且水塔房楼梯又高又陡，委托人一直希望能解决上下楼的难题，设计师为此特意考察了多家电梯公司，体验了许多种电梯，就在他们找到了一种可以安装在老楼道的电梯并准备应用时，却遭到了楼下邻居们的反对，委托人任先生只好无奈地放弃安装电梯的想法。

看起来平常的楼梯

按动按钮，踏板自动放下

人踩上去，抓住栏杆上的扶手，电梯自动上行

接力踏板

电梯踏板

还有座椅电梯，方便腿脚不便的使用者

《梦想改造家》主持人骆新实地考察各种电梯

接力电梯和座椅电梯主要用于老式公房、多层建筑，接力电梯安装的时候只需要 14 厘米的宽度，平时踏板收起，也不影响楼道原有的功能。但由于邻居们许多都在楼道里做饭，担心影响自家的厨房面积，所以反对安装。

面对这种情况，设计师只好另想办法。设计团队认为，上楼的劳累主要是手提重物的原因，虽然解决不了人乘电梯的问题，但可以解决重物上下运送的问题。于是施工时为了调运物品安装的卷扬机，被设计师留了下来，成为这家人必要的生活设备，用来运送他们家的各种重物。

卷扬机提重物非常方便

3. 控制预算，使用物美价廉的材料

由于水塔改造的特殊性，在开工之初施工队就搭建了脚手架，在清运垃圾、拆除废旧物上花费了将近 7 万元，因此控制预算就成了大问题。所以设计师对于材料的选择就特别慎重，既要保证质量，又要保证价格非常合适。

一楼原来厨房的位置，变成了一个玄关，为了控制预算，在玄关处使用了轧花钢板，轧花钢板本身具有防水功能，而且清洗方便，价格也合适。同时轧花钢板形成的工业效果也为这个入口提供了一种不一样的视觉感受和触感。

在室内装饰材料中，对于天花、墙面、家具等，设计师都选用了没有节疤的杉木板来制作，这种材料造价只有 80 元 / 平方米，但美观、环保，最后完成时只需在上面刷一层木蜡油，就可以呈现出一个非常精致的空间。

玄关处的轧花钢板

杉木板制作的家具

4. 改善房屋排水

原来的屋顶是无组织排水，现在设计师在屋顶做了足够大的排水沟，用大口径的雨水管直接把水引离建筑物。阳台上也设计了泄水口，利用排水天沟接入落水管。这些设计使得原本很容易因积水而发霉的房子，能经受住暴雨的考验，不会再有“水漫金山”的危险。

5. 改善通风、采光，房间不再发霉

设计师在考察的时候就发现，房屋很多地方都发霉了，原因一是积水，二是通风不够。为了增大通风量，设计师设计了南北对穿、东西对穿等多种通风方式，使得空气中的湿气被带走。设计师还对窗户采光面积的大小和位置做了精心的设计，使得房屋有足够光照，同时在炎热的季节里，光照对室内也不会造成困扰。

设计师设置多个窗户

6. 增加储物空间

在儿童房，考虑到小孩的年龄，设计师设计的柜子能够展示不同玩具和小孩的用品。

在客厅里，设计师做了一个复合的储藏功能设计，既满足了业主布设电视机、家庭影院、暗藏的冰箱的要求，同时还提供了大量的储藏功能。必需的用品都能够轻松方便地按照不同类型精致地收纳在墙体当中。

储物空间

儿童房柜子

7. 粉刷符合上海特色的颜色

室内颜色以红色和蓝色为主，设计师仔细研究过上海 20 世纪 30 年代的老洋房，认为红色和蓝色最能代表老上海的风情，为此室内色调以红色和蓝色为主。

楼梯墙面也加了搁板，增加储物空间

改造成果分享

蓝白色调墙壁

1. 玄关

原本入口处的厨房，被搬到了楼上，释放的空间使得楼梯坡度得以变缓。除了设置鞋柜之外，设计师还细心地给雨伞、拖鞋预留了地方，所使用的蓝白配色让整个空间看起来轻快明亮。墙面上预留的洞口可以随意组合，形成轻巧的储物空间。根据家庭成员不同的身高，楼梯扶手被贴心地做成了上下两层，大小尺寸经过反复论证后更适合人手抓握。

不同尺寸的扶手

墙上预留的圆孔，为调节隔板高度提供了灵活性

鞋柜和置伞处

老木头做成的扶手

改造前后对比

改造前

改造后

2. 厨房

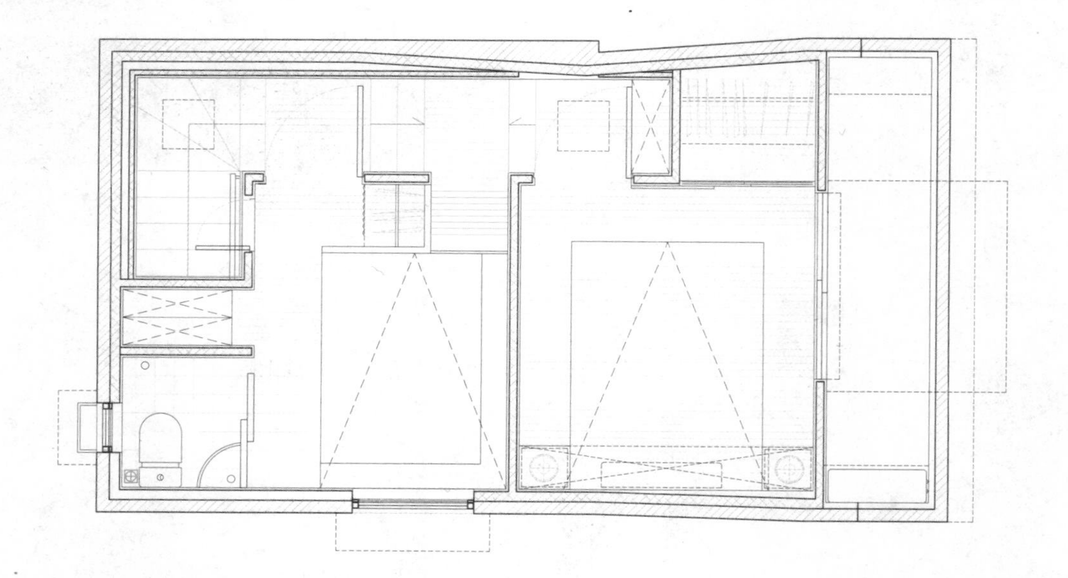

厨房被搬到了餐厅的同一楼面，完全现代化的厨卫设备，不仅方便，也让整个空间显得更大。焕然一新的厨房，让任先生一家彻底告别了抽油烟机经常罢工、做个饭需要不停上下的生活。两处折叠料理台的设计加强了厨房的实用性，也保证了不使用时整个空间的通畅。

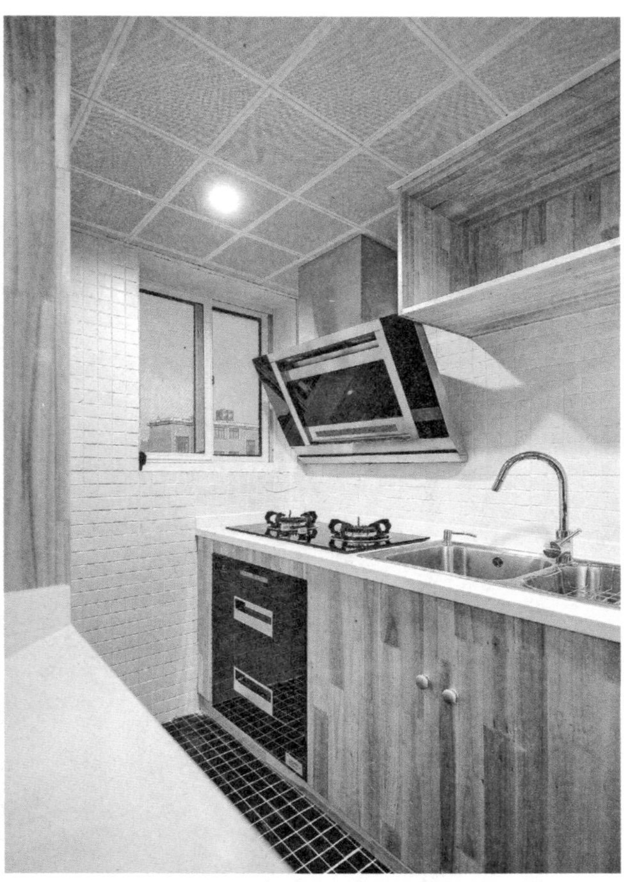

可折叠料理台，节省空间

改造前后对比

改造前

改造后

3. 客厅

与厨房一墙之隔的就是客厅，在这个用香杉木打造的精致空间，不仅贴心地设计了可做长凳的翻板，还设计了一整面墙的储物空间。全新的客厅不仅满足了任先生一家的生活需求，还平添了不少生活情趣。为了与整个木质空间相协调，设计师特意选择了具有老上海风情的木质吊扇。

可收支翻板，人多时可做长凳

应业主要求，特意设置了圆台面。这个木质的圆台面不仅可以在人多吃饭时当桌面使用，平时也可以作为装饰。花好月圆，最美的寓意被巧妙地装载在了这个水塔之家。

圆台面下面有卡槽，可安放在下面的小方桌上，当作桌面使用

沙发、床两用，客厅在晚上变成任先生岳母的卧室

这个窗边的卷扬机，不是电梯胜似电梯，把任先生从提重物上楼的困境中解放出来

宽敞的客厅，成了全家人欢聚的场所

改造前后对比

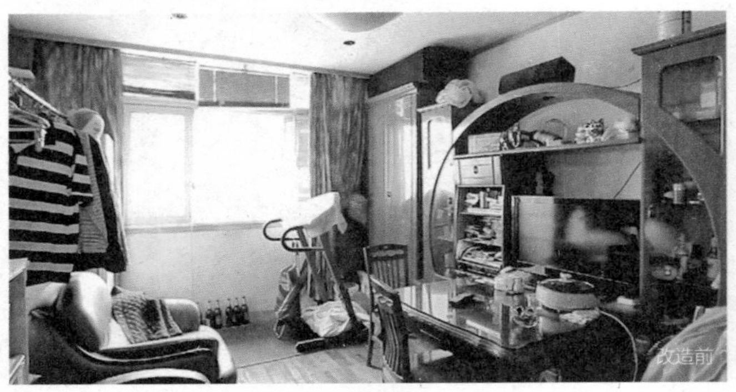

4. 一层卫生间

在一层通往二层的入口处还有一个隐藏在镜面门背后，功能齐全的卫生间。独立设置的卫生间，终于让任先生一家告别了卫生间与楼梯间合二为一的尴尬生活。

改造前后对比

改造前

改造后

5. 楼梯

从一层到三层，楼梯旁的一侧墙面，被做成了垂直方向的人工植物墙。由于二层和三层的卧室新开了面朝楼梯的窗户，通风的同时，还能看到自然光和植物景观。无处不在的镜面设计，让小空间变得更加明亮宽敞。楼梯的尽头是鱼缸，红色的金鱼与枫叶相呼应，房顶的自然采光照下来，室内的风光自然又柔和。

镜面设计，让小空间更加明亮宽敞

6. 窗户

设计师为任先生家设计了十六个窗户，每个房间都有窗户。东西方向的小窗户和南北方向的大窗户，形成了四面对穿的自然风，夏天不用空调都觉得凉爽，彻底解决了房子潮湿、发霉的问题。

7. 多功能室

二层房间特意设置成榻榻米的形式，既可以作为儿子儿媳小住的临时房间，也可以作为家里的休闲茶室，任先生夫妇也可以在里面跳舞娱乐。设计师还利用了楼梯的深度，在二层的小套房内设置了一个隐藏在镜面之后的抽拉式储藏柜。

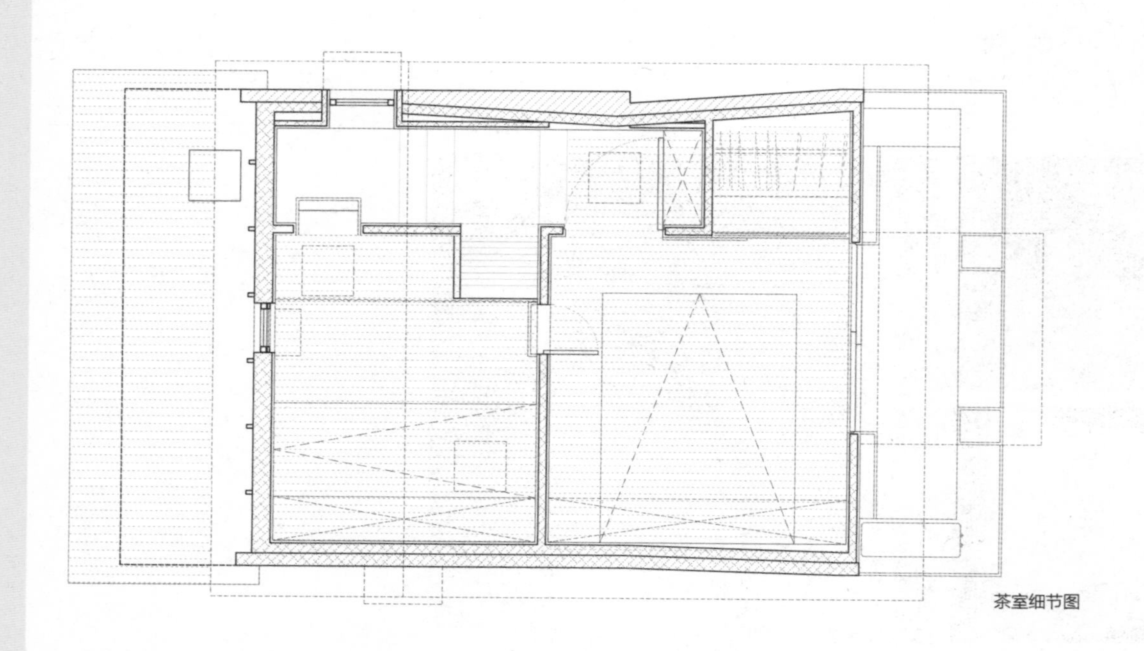

茶室细节图

侧面式抽拉储藏柜

8. 二层卫生间

在二层并不大的客房内，设计师出于尊重隐私的考虑，特意设置了一个小卫生间，将二层客房变成了一个真正的小套间。

9. 任先生夫妇房间

家里光线最充足、景观最好的房间留给了辛劳了一辈子的任先生夫妇。如同他们当初设想的一样，整个房间不仅拥有充足的储物空间，更重要的是，房间之外就是精致的景观阳台。这个曾经需要爬出去的阳台，现在可以轻松走出，随时欣赏这个城市美丽的天际线。

床底

衣帽间

改造前后对比

改造前

改造后

改造前

改造后

10. 儿童房

充满童趣的云朵灯、浪漫唯美的星空灯、色彩丰富的墙绘，整个空间让人感觉身处童话世界之中。在这个只有 1.5 米高、不足 10 平方米的小阁楼里，设计师创新性地使用了最环保的儿童漆和速干涂料，并以梵·高的《星空》为灵感，为任先生最宝贝的 3 岁半的小孙女打造了一个美轮美奂的梦幻之屋。这个充满魔力的儿童房，让每个进入的人都有重返童年的冲动。

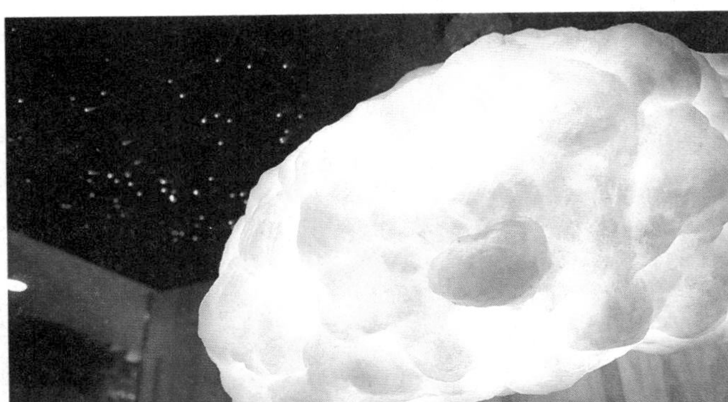

设计师个人资料

俞挺

博士、教授级高工；
东南大学建筑学院客座教授；
清华大学建筑学硕士联合指导教师；
同济大学建筑与城市规划学院建筑系课程设计客座评委及毕业设计课程设计答辩委员；
中国建筑学会会员。

如果这个世界不够美好，我们就给他创造一个新的世界。

俞挺

守护太阳部落的家

打造无人区环保御寒房车，可变形、可移动的家

○ 房屋情况

- 地点：可可西里自然保护区库木库里沙漠
- 房屋情况：以往《梦想改造家》的设计师们都是在原有建筑上进行改造，而这次是在环境恶劣的无人区中打造一个宜居的家
- 业主情况：保护野生动物的志愿者们
- 业主请求：打造一个营地，能容纳 12 人左右。能做饭、休息，不会对周围环境造成污染
- 设计师：颜呈勋

改造花费

因为是公益项目，节目组与爱心企业承担了全部改造费用。

设计背景

在我国青海省的西部，有一片未被开发的处女地：可可西里。其地貌主要是草原、沙漠。这里被称为“离太阳最近的地方”。400 多年来，有一个神秘的部落也一直居住在此，他们被誉为“离太阳最近的部落”——蒙古族抬孜娜尔部落。

这片广袤的土地，本是野生动物们的天堂，野驴、藏羚羊、野牛、黄羊……无数野生动物在这里生息繁衍。可是近年来，开路、采掘、非法采摘……各种人类活动让野生动物们的生存空间越来越小。

蒙古族人巴特就和朋友们一起组建了志愿者队伍，记录野生动物们的生活，通过最真实的影像资料让外界了解野生动物们的生存现状，让更多人一起来保护草原，保护野生动物。

地理环境

地处高原，志愿者们每次的巡逻里程可达几百千米。高原气候多变，一天之内就会体验到四季变化，大雨、暴雪、冰雹等恶劣天气随时都会遇到。设立营地的地方在一片绿洲上，靠近水源，可以看到许多动物。

计划设立营地的地方

困扰业主的主要问题

1. 路况复杂，运输困难

这片未经开发的土地基本没有正常的路可言，车辆行进举步维艰。想要在如此复杂难行的路况下，将大批建材安全、顺利地运往建造地，难度非常大。

设计师第一次去可可西里遭遇翻车

2. 盲目建设，破坏大自然

现代建筑需要的钢筋、水泥、管网，以及运输物资形成的道路，对于这块未开发的土地来说，都将带来很大的破坏。

3. 海拔高，气候复杂

要建立营房的基地，位于青海省海西州蒙古族藏族自治州格尔木市乌图美仁乡，为群山所环绕，处于盆地之中。该乡海拔 2870 米，位于格尔木市西 160 千米。该基地所处无人区的河谷山地地带，地上有 10 厘米厚的高山草甸，草甸下部为石灰岩岩石。

这里是寒冷的沙漠气候：冬季极端气温为零下 30 摄氏度，夏季极端气温为 15 摄氏度；春季有沙尘暴和冰雹，极端最大风力为 10 级；降雨量极少，年均仅为 42 毫米。

沟通与协调

体验过蒙古族的日常生活后，设计师所做的决定：

1. 打造一个可以移动的营房

考虑到当地气候十分多变，永久性建筑是否能抵御当地的极端天气，是任何人都难以预测的。而更加现实的问题是，因为绿洲中没有电网，在里面建造永久建筑，无论是时间和费用以及施工难度都有很多无法预估的问题。另外，巴特和志愿者们对于环保性的要求特别高，整个建筑必须完全环保、可以拆卸，而且不能对当地的自然生态造成影响。

经过多次研究，设计师回忆起在草原上看到老乡用马和骆驼拉着蒙古包四处迁徙的情景，这种传统的迁徙方式非常符合这次的设计理念，既能防风抗冻也能做到百分百可拆。蒙古族人千百年来的传统给了设计师一个启发，他决定借鉴这个经典的理念，把房子改造成一个能用车拉的移动建筑，希望打造出一个能在草原上流动的家。

蒙古包模型

2. 异地打造，减少对营地环境的破坏

在研究过国家对车辆改造的政策法规后，设计师计划用汽车拉动移动营房，营房为钢结构焊成的箱体，长 6 米、宽 2 米、高 2 米的空间成为移动营地的所有面积，在 12 平方米的空间中可以容纳 10 人休息、就餐、上卫生间等。

考虑到办公所在地——上海，这里材料充足、方便施工，设计师决定在上海搭建好营地后，再运送到格尔木，这样也会减少对当地环境的破坏。

3. 制作车体框架

车体的框架长 6 米、宽 2 米、高 2 米，和一个中型的集装箱大小相似，但是为了确保车体的耐久性和稳定性，设计师并没有直接使用集装箱作为车体的框架，而是用 H 型钢做底盘、方钢做骨架焊接了一个框架。

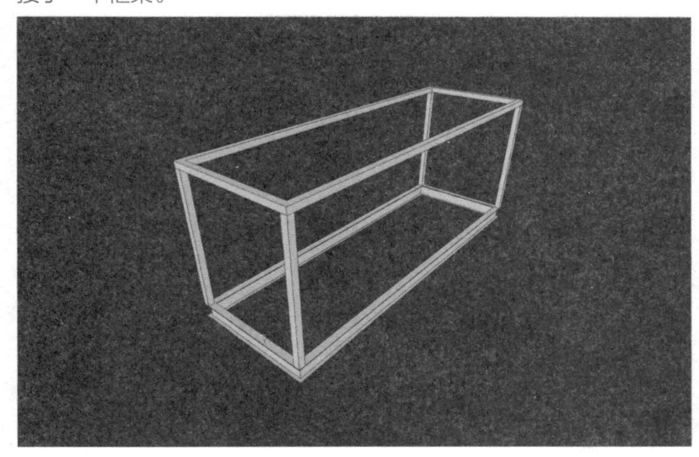

4. 设计实现小空间，大格局

车体的底盘和骨架制作完成后，整个空间的布局也初步成型。首先在整个框架中，车体被分为上下双层结构。下层为机械层，提供车体内部机械以及生活设施所需要的空间。上层是生活层，生活层的后部右半侧为厨房，作为平时用水烧饭的地方，前部右半侧是卫生间的位置，生活层的左侧则整体连通，用来作为白天活动、晚上睡觉的区域。

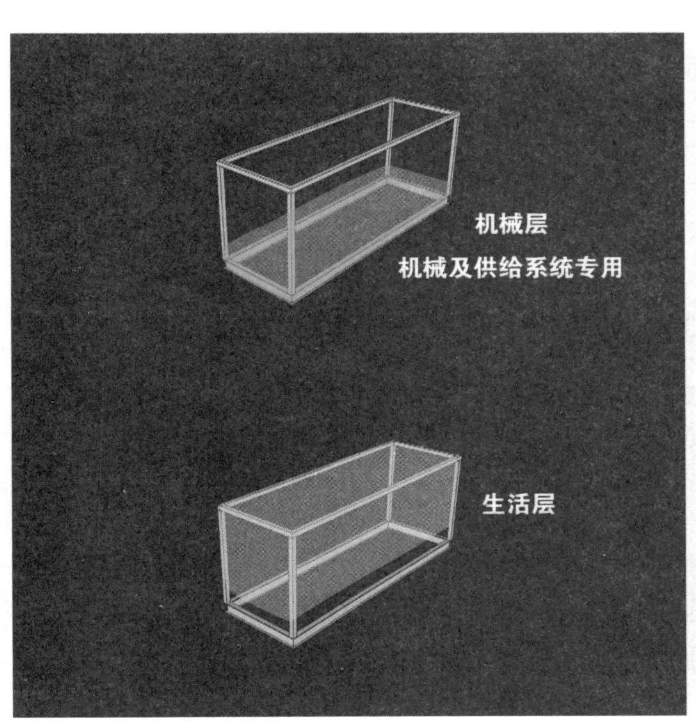

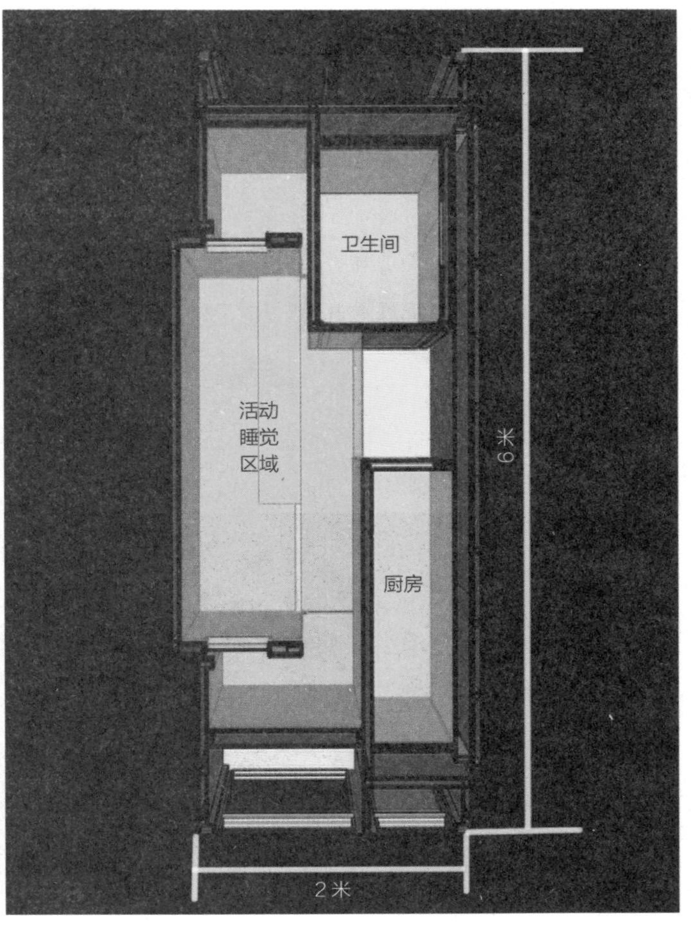

5. 使用七层材料，确保防水保温

车体的结构初步成型后，设计师首先要考虑的就是如何抵抗当地极端的严寒天气。可可西里地区因为海拔高，气候干旱寒冷，年均气温仅为零下 10 摄氏度到 4 摄氏度，在冬天最冷的时候，气温将降至零下 30 摄氏度以下。为了确保车体能抵抗零下 30 多摄氏度的极寒天气，设计师在车体外壳隔热防水的设计上一共加了七层材料。

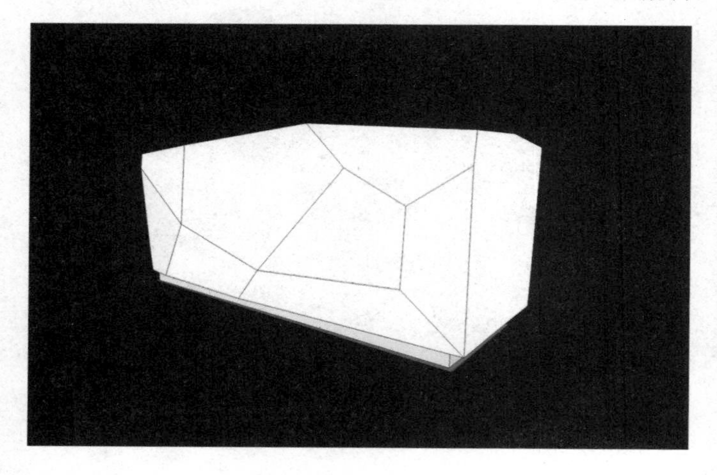

第一层：木板。

第二层：保温棉，是 B1 级的防火材料，阻燃。

第三层：金属铝条，密封保温棉与钢结构之间的缝隙。

第四层：木板。

第五层：防水涂料，防水涂料覆盖全车，确保防水。

第六层：硅胶封闭。因为房子是钢结构和木结构的混合体，为了避免晃动，设计师把多层板材用大号螺丝固定了起来。考虑到木板之间用大号螺丝固定，所有螺丝的孔会破坏整个车体的防水性能，设计师特意用硅胶把所有的螺丝孔和木板缝隙都密封起来。

第七层：保护铝壳。

通过逐层使用木板、保温棉、铝条、木板、防水涂料、硅胶以及外层保护铝壳这样的七层隔离，车体的保温防水性能得到了充分的保证。

6. 完备生活设施，保证生活所需

因为巴特和志愿者们对于整个建筑的环保性能非常看重，设计师决定为他们打造一个完全绿色环保、资源可循环再利用的房子。

饮水设施

最重要的是饮水问题，在极端气候里如何保证水的供应，是设计师需要考虑的一大难题。

人平均每天必须要摄入 2 升水，以 10 个人来计算这辆车的承载量，每天将消耗 20 升水。为此，设计师在车体的底部特别安装了两个 200 升的饮水箱，这样在装满水的情况下可以保证全车人 20 天的饮水。

为了抵御零下 30 摄氏度的严寒天气，设计师在两个饮水箱外层用铝膜和保温棉做了四层保温层，防止水箱结冰爆裂。

第一层：保温膜。

第二层：铝膜。

第三层：保温膜。

第四层：铝膜。

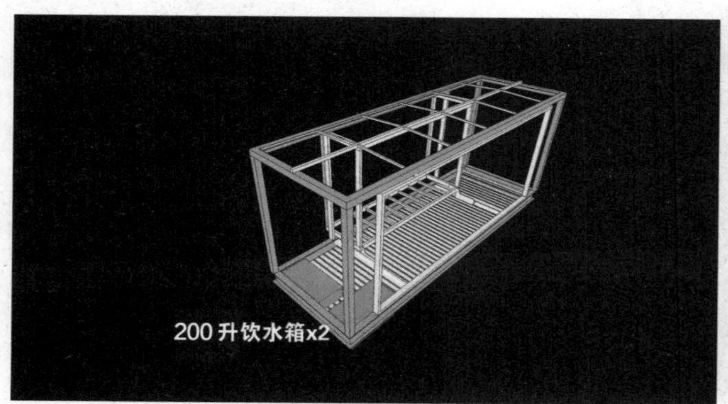

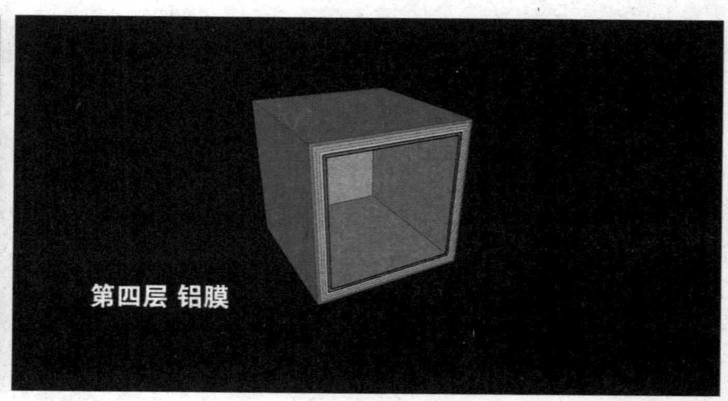

高纯度铝箔表面，具有反射功能，在冬季，能阻断室外的冷空气，有很好的内部保温性能

设计师在箱体内预留了可以检测水量的智能系统，方便随时检测水的剩余量

考虑到饮水箱里的水终究有限，如果长时间巡逻会出现缺少饮水的问题，设计师特意在车体的尾部加装了一套饮用水的添加与过滤装置，这样在野外只要有水源就能喝上干净的饮用水了。

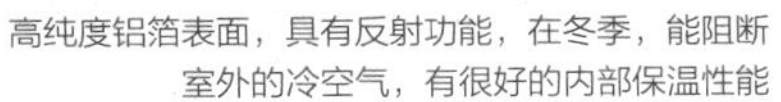

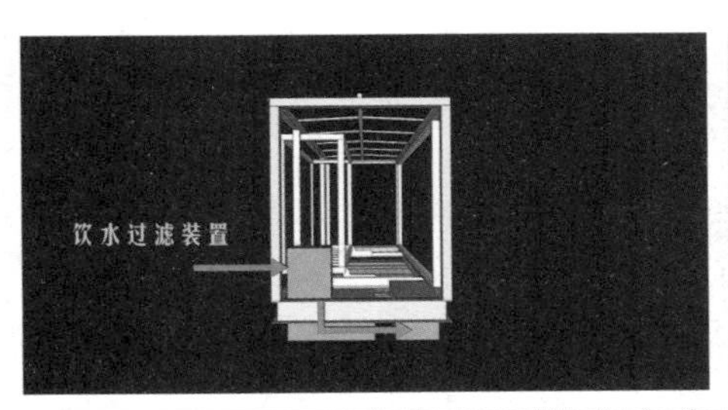

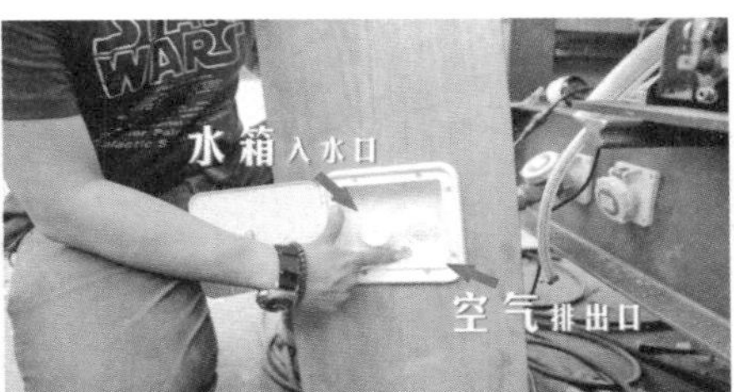

卫生设施

设计师为了做到环保无污染，特意设置了一个不需要用水，完全可循环利用的厕所。

马桶体积非常大，是一个可以堆肥的马桶，里面没有水箱，而是堆了很多木屑。下面有一个大滚轮。方便后，踩动机关，带动滚轮，通过转动把木屑和粪便混在一起。混合后的粪便被送入旁边的桶里发酵，混合物降解后，再把桶拿出来倒掉即可，降解后的物质还能用来做肥料。

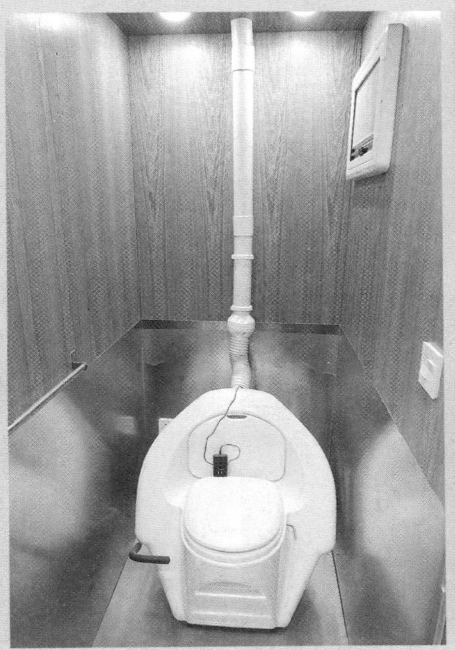

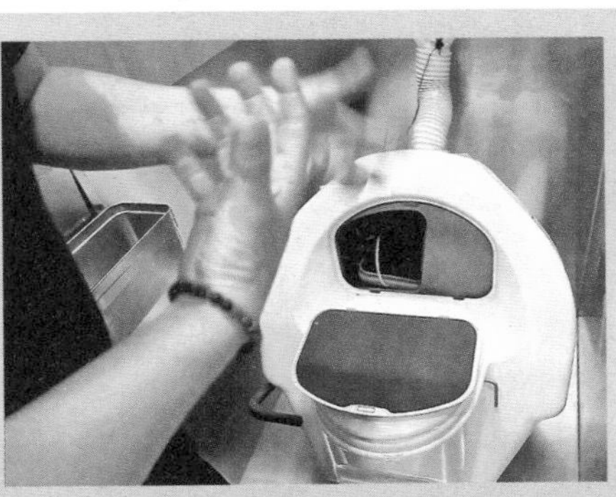

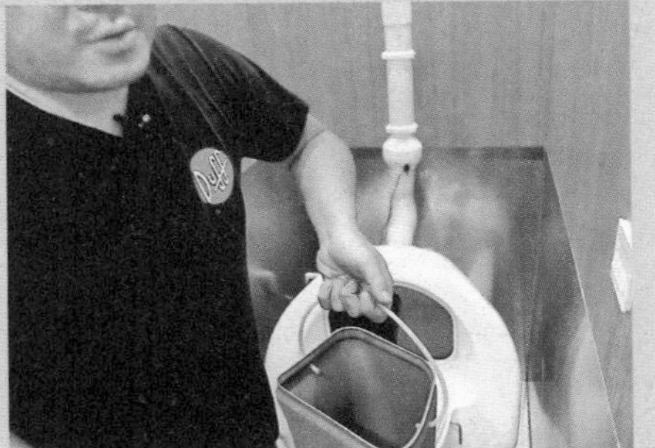

供电系统

如何在野外保证车体的供电系统正常运行，对于设计师来说也是一大考验，为此设计师特意设计了一套非常环保的供电系统，来应对极端的气候条件。

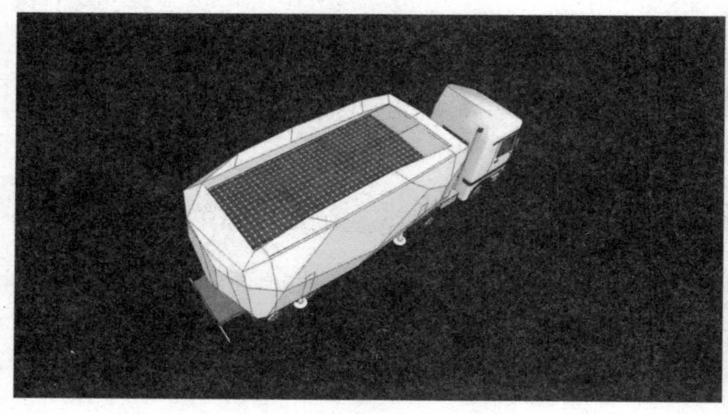

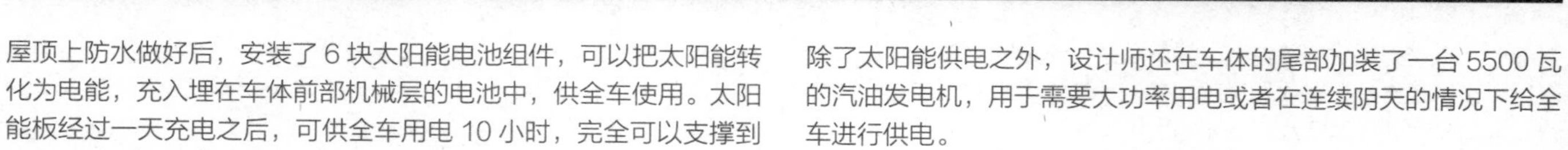

屋顶上防水做好后，安装了 6 块太阳能电池组件，可以把太阳能转化为电能，充入埋在车体前部机械层的电池中，供全车使用。太阳能板经过一天充电之后，可供全车用电 10 小时，完全可以支撑到第二天早上再次充电。

除了太阳能供电之外，设计师还在车体的尾部加装了一台 5500 瓦的汽油发电机，用于需要大功率用电或者在连续阴天的情况下给全车进行供电。

而在架设太阳能板时，设计师也特意使用了两边斜向下 5 度的设计。这样铺设的太阳能板不管车辆行驶到哪个位置，都能有效利用太阳的照射来发电，在雨雪天气也能有助于屋顶排水。

厨房设施

在极寒天气里，一口热饭是非常宝贵的，为此设计师特别在车体的厨房里设置了无污染的液化气炉灶和车载冰箱。并且为了把人对野生动物的影响降到最低，设计师在十分紧张的机械层空间中，还特别增设了两个废水箱，把车体所有的生活废水和厕所排水，都汇集到废水箱中。废水箱中的水经过沉淀和过滤后再排出，不会对当地造成污染。

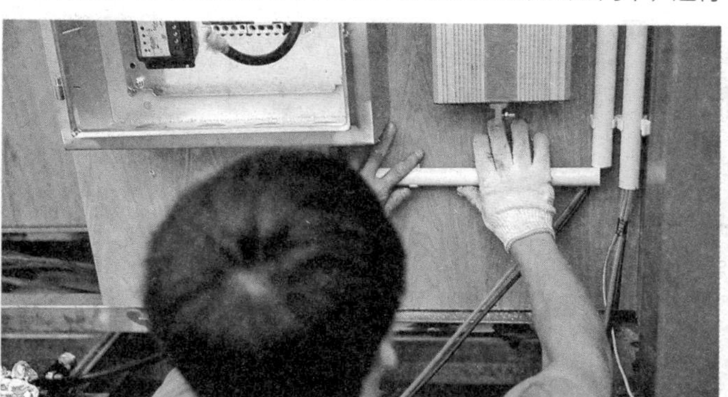

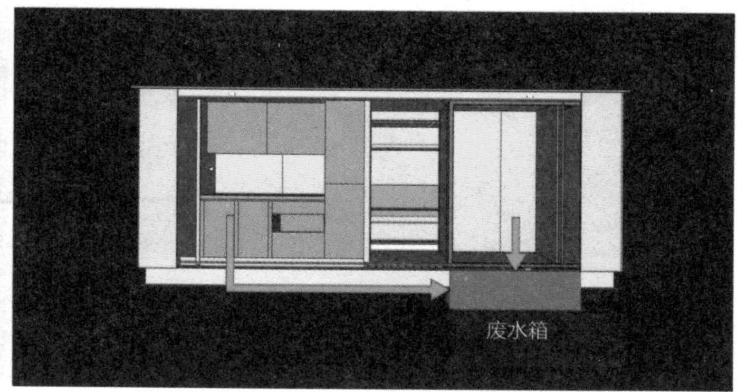

7. 运用液压装置，打造变形金刚

车体的基本生活设施都安装到位，而此时，设计师翘首以盼的一套特殊设备终于送到了现场。这套设备究竟是用来做什么的呢？

原来这是支撑箱体升高或降低的四支脚，如果以汽车作为移动营地的支撑，车轮很容易陷入沙中，带来不便，为此设计师特别设计了这套装置。

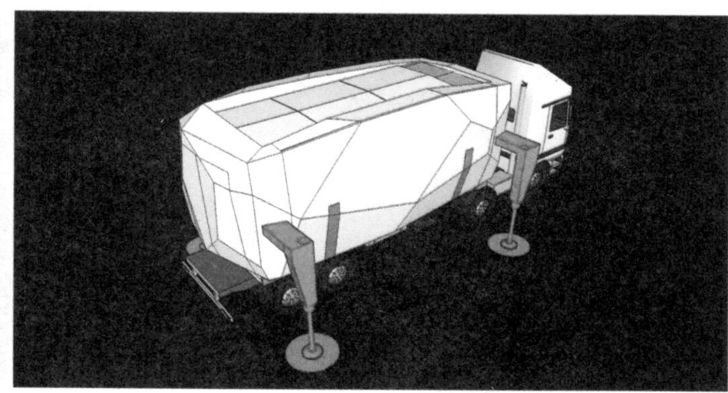

支撑箱体的液压杆，被设计师形象地称为箱体的四只脚，液压杆下面的圆形设置，可以扩大支撑面

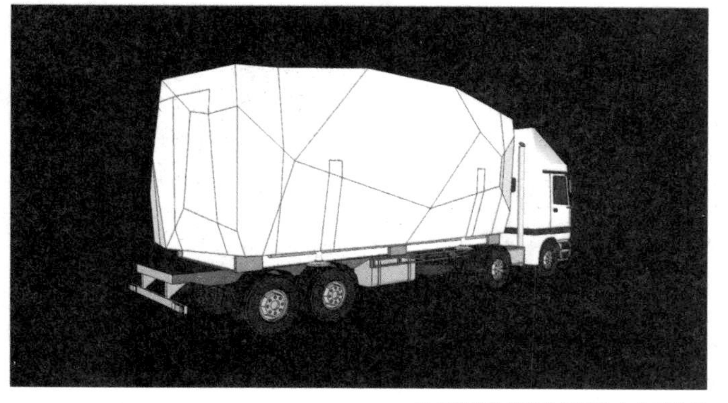

绿色部分为把箱体固定在车上的装置

营房箱体是放在汽车上移动的，通过可拆卸装置固定在车上，需要安营时，放下四只液压杆撑住箱体，箱体最高可以升高 1.5 米。而承载它的卡车只需缓缓驶出即可让整个箱体独立站立，从而实现了无需大型起吊装置，在任何地点、任何时间都能移动的自动箱体。

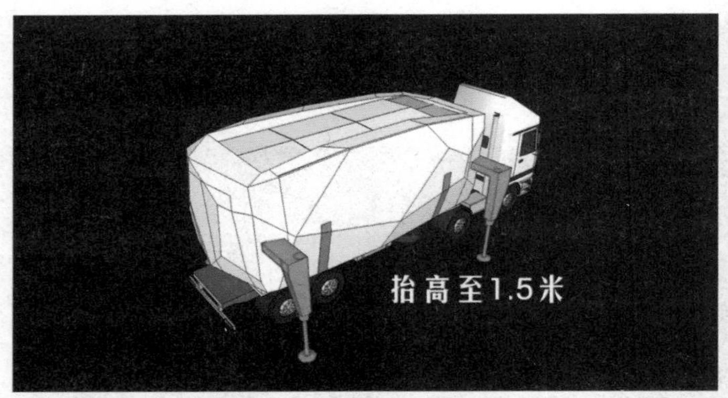

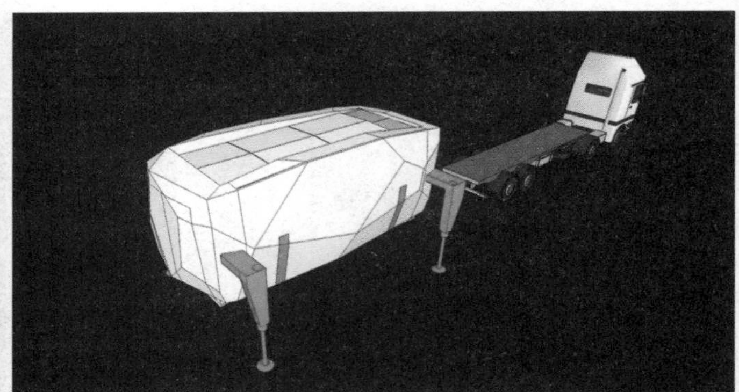

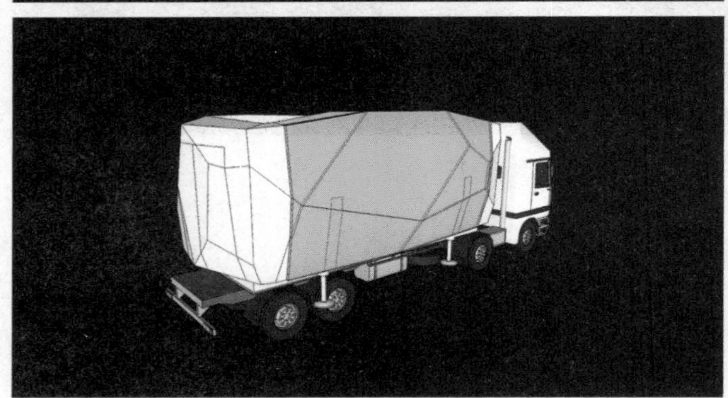

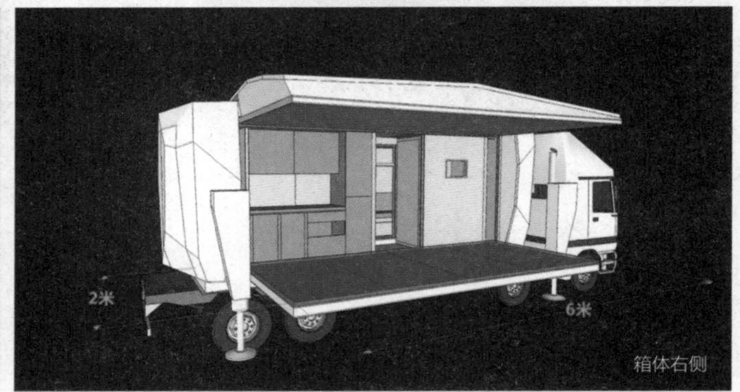

通过引入液压装置，整个箱体将具备变形功能，车辆右侧的箱壳可以整体打开，扩出一个新的2米×6米的平台。这个半露天的空间将会使整个箱体的居住面积扩大整整一倍。

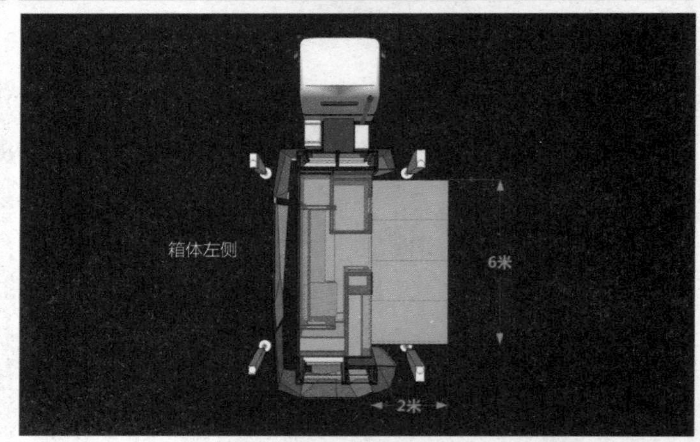

同时箱体左侧有可折叠空间，平时收起，使用时打开，扩大室内空间。

车头开走后，箱体具有独立供水、照明、供暖、休息的功能。车头回来后，箱体可以自动升高、收起，被车拉走，真正成为一个能流动的家。

为了确保车体变形时四周的安全，设计师在液压杆上装了一套智能监控系统。当液压启动时，液压杆上的监控探头就会打开，并把信号传输到位于车尾的操作台上，这样在尾部控制变形时，就可以即时看到四根柱子周围的情况。

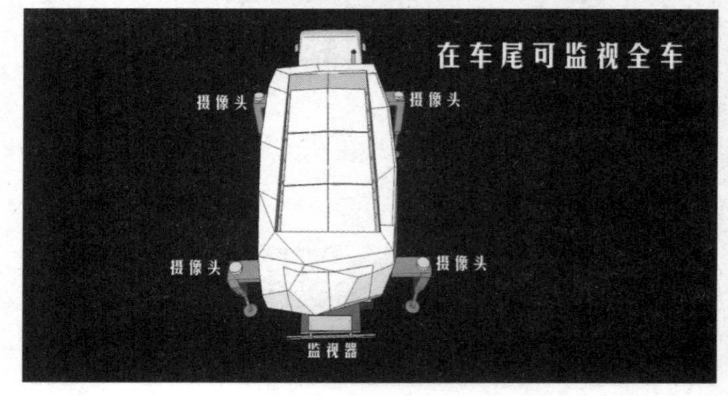

8. 外形设计，与当地环境融合

在车体外壳的设计上，设计师借鉴了蒙古包的传统特色，把外壳的颜色喷成了白色。这样可以反射较强的太阳光线，防沙隔热。整个车体的外形被设计成异型结构，这样的结构在遇到风沙时可以减小风力对车体的影响，并且车体外形也与当地的巨形岩石相似，不会显得特别突兀。

9. 软装内饰，和当地文化融合

设计师亲自购买和制作了营房里面的软装用品，结合当地文化，富有蒙古族特色，使得委托人入住时没有距离感。

改造成果分享

以前的设计都是做好后，等主人归来，这次的设计是做好后，要远赴 3000 千米以外去找主人。经过十天的颠簸，车体终于被运到了格尔木。

外形

白色、异形的结构，使得整个箱体外观具有很强的科技感。

脱离载体

四只可伸缩的液压杆打开，将箱体整体顶起，并自动将它下降到地面上，四只液压杆的承重可以达到 20 吨，不用吊车，这个移动的家也可以轻松装卸。

展开

按动车尾的控制机关，箱体侧面分为上下两层的金属大门自动开启，房体内部的结构逐渐浮现。

外壳向上翻开，里面一层平台向下翻开，呈现出内部情景

厨房

侧翼打开，厨房显露出来。设置在车体后部的厨房外观简洁且功能齐全，炉灶、水槽、冰箱、取暖器、储物格，各个功能区都被井井有条地放置在合理的位置。水槽里的水管被设计成可开合的形状，在行驶时可以收起，保护水管和龙头。

所有的柜门，都设计有锁扣，保证车子行进时，里面的东西不会掉出来

水龙头流出来的水是经过过滤的，可以直接饮用。废水收集起来，再集中排放

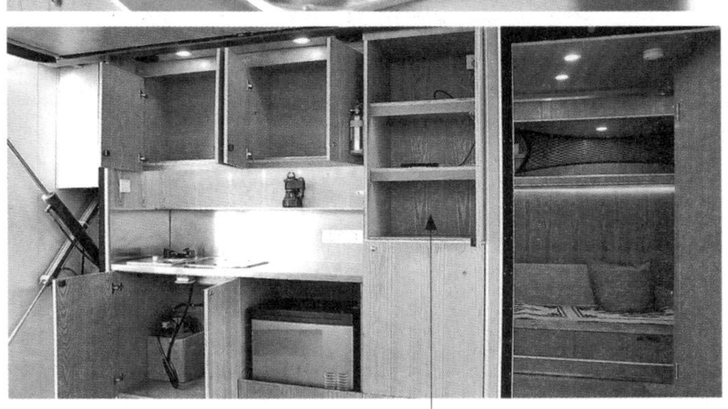

冰箱温度可以设置零下 20 摄氏度到 20 摄氏度，制冷制热都可以，非常方便

取暖器靠煤气取暖，热气吹向室内

诸多的柜子，方便存储不同的物品

一个柜子内，有一个 16 孔的充电器，可以同时给多个设备充电

室内

掀开羊毛毡做的帘子，进入到室内。被折叠的室内空间在打开后，可容纳六个成年人在里面活动。

屋顶的白色物品为一氧化碳警报器。因为室内取暖靠的是煤气，为了保证安全，一旦煤气泄漏，室内一氧化碳增多，警报器就会报警，取暖器的煤气阀门就会自动关闭

启动开关，左侧箱体推出，室内空间变大

墙上的折叠桌可以抬起来，用于办公

沙发翻下来，可以容纳三个人睡觉

床板最后一排，翻开可以用来储物

沙发上方

沙发下方

车体的尾部则是一个集急救、供电、娱乐多功能于一体的控制台。医药箱被放在最显眼的位置，以便紧急情况下使用。

车体的墙上也预设了具有通风、瞭望功能的窗户。在窗户内层，设计师还特别设计了多层遮挡材料，方便防蚊、挡光、通风。

车体内的厕所被单独设在车头的一侧，特别为野外考虑的无水马桶，不会对环境造成破坏。后面的管道用于排气，直接通到室外。

室内的地板上，有一块活动的地板，打开后里面是一片片的帐篷布

平台

帐篷布搭起来，平台就变成了室内空间，可以睡人；风大的时候，也是休息室。

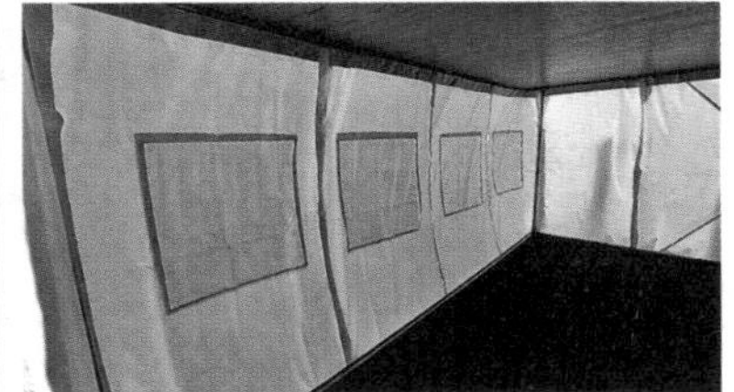

窗户帘卷起来，方便观察外面。

全封闭的平台上，铺上防潮垫和睡袋，就可以做睡眠空间。

车尾

车尾后面的黑色罩子里，暗藏了一辆摩托车，方便巡逻时使用。

设计师个人资料

颜呈勋（Bill Yen）

1998 年毕业于美国杜克大学，获经济和艺术史学士学位，获得优等成绩。
2003 年毕业于美国哈佛大学设计学院，获建筑学硕士学位。
1998 至 1999 年在波士顿 Iconomy.com 任设计师；2000 至 2001 年工作于纽约 Tsao and McKown Architects 事务所；2002 至 2003 年工作于波士顿 Kennedy and Violich Architecture 事务所；之后在上海创办穆哈地设计咨询 (MRT design)，任总监、建筑师。
获奖情况：
2013 年获金外滩最佳商业空间奖；
2013 年获亚太区室内设计大奖样板空间类铜奖；
2013 年获金堂奖年度十佳售楼处设计奖；
2013 年被评为上海设计之星；
2014 年获“IAI Awards 2013-Global Space Design Award”铜奖。

设计师是解决问题的，从不好用变好用，让大家看到设计的更多可能，都是设计师的目标和方向。相较于提供装饰，设计师更像是在提供整体解决方案。

颜呈勋

图书在版编目（CIP）数据

梦想改造家．Ⅳ / 梦想改造家栏目组编著．-- 南京：江苏凤凰科学技术出版社，2016.10

ISBN 978-7-5537-7228-8

Ⅰ．①梦… Ⅱ．①梦… Ⅲ．①住宅-室内装饰设计 Ⅳ．①TU241

中国版本图书馆 CIP 数据核字 (2016) 第 225364 号

梦想改造家 Ⅳ

编　　著　《梦想改造家》栏目组
项目策划　杜玉华
责任编辑　刘屹立
特约编辑　杜玉华

出版发行　凤凰出版传媒股份有限公司
　　　　　江苏凤凰科学技术出版社
出版社地址　南京市湖南路1号A楼，邮编：210009
出版社网址　http://www.pspress.cn
总　经　销　天津凤凰空间文化传媒有限公司
总经销网址　http://www.ifengspace.cn
经　　销　全国新华书店
印　　刷　北京博海升彩色印刷有限公司

开　　本　889 mm×1 194 mm　1/16
印　　张　10.25
字　　数　164 000
版　　次　2016年10月第1版
印　　次　2024年1月第2次印刷

标准书号　ISBN　978-7-5537-7228-8
定　　价　49.80元